GUANGYI JIANZHU JIENENG

广义建筑节能

| 第二版 |

曹伟 著

中国电力出版社
CHINA ELECTRIC POWER PRESS

内 容 提 要

本书立足于广义建筑节能的战略思路，在纵向层面上，探讨了建筑节能的历史渊源与发展趋势，以及国内外太阳能利用与建筑节能的现状；在横向层面上，基于能源与能效的广义建筑节能理念以及技术策略的广义建筑节能方法，给出了太阳能与建筑设计一体化的设计方法与策略。

本书可供建筑学、建筑节能等相关领域的科研、技术和管理人员参考，也可作为高等院校相关专业的本科、研究生的教材使用。

图书在版编目（CIP）数据

广义建筑节能/曹伟著. —2 版. —北京：中国电力出版社，2016.1
ISBN 978-7-5123-8549-8

Ⅰ. ①广… Ⅱ. ①曹… Ⅲ. ①太阳能住宅-建筑设计 Ⅳ. ①TU241.91

中国版本图书馆 CIP 数据核字（2015）第 272052 号

中国电力出版社出版、发行

北京市东城区北京站西街 19 号　100005　http：//www.cepp.sgcc.com.cn
责任编辑：王　倩　未翠霞
责任印制：蔺义舟　责任校对：李　楠
北京盛通印刷股份有限公司印刷·各地新华书店经售
2008 年 9 月第 1 版·2016 年 1 月第 2 版·2016 年 1 月第 4 次印刷
787mm×1092mm　1/16·13.75 印张·336 千字
定价：42.00 元

能源是人类生存和发展的重要支撑因素。随着常规能源（如煤、石油、天然气等）日益减少，人类对新能源的开发及利用也逐渐地增多，尤其以核能、风能、太阳能为主。同时也促使人们去研究提高能源的利用率并开发新能源。

众所周知，2011 年 3 月日本福岛核电站的爆炸事故表明核能的利用仍蕴藏着隐患，而风能的利用受地域等其他条件的限制太大，所以发展利用太阳能将会在未来的新能源界占主要地位。而把太阳能同人类建筑结合起来，把自古以来房屋只是人类生活居住、遮风挡雨、御暑避寒的简单场所发展成为能够利用可再生能源形成自身能源体系的新型建筑是人类进步和社会科学发展的必然成果。太阳能与建筑一体化是将太阳能利用设施与建筑有机结合，并利用太阳能集热器替代屋顶覆盖层或替代屋顶保温层，既消除了太阳能对建筑物形象的影响，又避免了重复投资，降低了成本。因此，太阳能与建筑一体化是未来太阳能技术发展的方向。

太阳能与建筑一体化技术具有很多优点，它一方面取代了传统太阳能结构所造成的对建筑外观形象的影响，使得建筑设计及其美学与技术应用融为一体；另一方面，一体化的应用使得太阳能设施成为建筑本身的一部分，这样节约了建筑成本。太阳能与建筑一体化应用技术适用于各种形式的建筑，因此，政府无论是对于既有建筑的节能改造，还是新建筑的太阳能利用都给予政策上的支持，同时，建筑太阳能一体化利用也成为一些房地产商楼盘销售的卖点。

当然，"一体化"也遇到了一些瓶颈，例如，没有完整的编制设计规范、标准及相关图集，也没有建立产品（系统）的检测中心和认证机构，更没有完善的施工验收及维护技术规程等，技术支撑不够。在太阳能热利用领域，热水器的技术是最成熟的。但该技术无法解决防水、负荷、美观等问题，尽管一体化技术对这些问题可以迎刃而解，如果政策不到位的话也无法实施。再如，太阳能与建筑一体化尚处在起步阶段，除了技术上的问题之外，涉及一体化的各方，也因为商业利益而成为了一体化的阻碍，这则是利益障碍。

本书在回顾了建筑节能发展历程之后，对中外太阳能建筑做了一些比较研究，提出来太阳能与建筑一体化的思路，就主动式、被动式太阳能一体设计及其技术运用结合国内外典型案例进行了研究。另外，基于能效与能源规划以及技术策略给出了广义建筑节能的进一步认知。

　　本书第 1 版自 2008 年问世以来，受到广大读者的青睐，这是对作者的鼓励与鞭策，也是值得欣慰的一点。基于此，对第 1 版作了修订，与第 1 版相比：增加了现今的第五章，原书中部分图片因像素不高而对其进行了更换，同时增加了大量国内外典型案例与图片，部分图表进行了数据更新，并将原书中的附录予以删减。在此向为本书再版付出辛勤劳动的王倩等编辑及各位热心读者表示感谢！

　　本书由国家自然科学基金项目（50578136）、山东省自然科学基金项目（ZR2014EEM030）、中国石油大学科研项目（Y1315025）支持。特此感谢！

2015 年 12 月 1 日

第一章 建筑节能发展简史

一座绿色节能建筑，对后人来讲是一笔巨大的财富。我们经常重复歌德的名言"建筑是凝固的音乐"，这句话体现出了建筑形式的魅力，是对建筑外在美的肯定。而建筑是否节能、环保，则是建筑内在美的体现。建筑只有做到了内在美与外在美、形式美与内容美的统一，才是一个符合科学发展观要求、反映人类文明水平的优秀作品，这也是当代建筑师们应当追求的目标。

建筑节能的历史意义和现实意义比其经济利益更大，它是国家发展到一定阶段必然要提出的要求。在发达国家，建筑节能的意识非常强，宁可不建新的建筑物也要保证节能。

要保证建筑节能不仅仅要完善体制的建设，更要提高人们的节能意识，同时还要有科学技术的配套。有人提出建筑节能将增加开发商的投入，其实不然，"节能"与"节支"本来就是统一的。运用科学技术也可以降低节能成本，并且还能保证长远的经济效益。随着社会的发展，建筑节能也将成为一种观念和一种文明的标志，所以，研究节能有必要了解建筑节能的发展历史。

第一节 中国建筑节能的发展

从上古到近代，中国的建筑体系经历了从巢居穴居到高度成熟的木构建筑的演变。古人的营造活动受同一时期的生产力发展水平的制约，也受当时哲学思想的影响。例如，西方人讲究建筑的纪念性，希望通过建筑寄托永恒的思想，显示征服自然的能力，石头建筑便成为了主流。在空间上，西方人讲究大体量和复杂的立体构成。而中国人注重建筑的实用性，讲究天人合一与环境和谐共处，于是采用了模数化的木构体系。在空间上讲究平面展开，门堂之制。特别是在古人的营造过程中，考虑到建筑、人居环境与自然的关系，形成了丰富的理论和实践经验。本章试图从哲学和技术的角度审视中国古代建筑和传统民居中所体现的生态和节能思想，以及与之相适应的巧妙设计。

一、上古时期

上古时代的人类建筑，大致经历了新石器时代早期的"巢栖""穴居"、中期的村落建筑和晚期的城堡建筑三个阶段。

从原始建筑发展到新石器时代中期，东夷人的居住环境已形成规模较大、结构布局有序、房屋密集的村落建筑。现今考古发现的明确属于住宅建筑的遗址，始于大汶口文化时期。据不完全统计，现已发现并公布的大汶口文化遗址的东夷人住宅建筑达69座之多。例如，山东胶县三里河遗址5座、长岛北庄遗址4座等，其房屋的基本结构和特点是属于半地穴式建筑，平面为圆、角、方形或长方形。❶

上古时期，人们在生存与发展中形成了朴素的生态观，即合理利用环境，因地制宜。

（一）旧石器时代

在中国境内，迄今发现了不少史前人类栖居的岩洞。其年代从距今100万年到1万年不

---

❶ 齐鲁建筑艺术. http://www.ziranwenhua.com/wenhua/article.asp? id＝378.

等。这些经过选择的岩洞一般都具有相似的环境条件：地势较高，邻近水源，洞口避开冬季风等。除了岩洞以外，旧石器时代的原始人还可能栖身于树上，将相邻的枝叶拉结起来，以枝叶编织构成。新石器时代的穴居与巢居，可能就是对这种天然岩洞和树上巢穴的模仿（如图1-1、图1-2）。

图1-1　巢居

图1-2　洞穴

农耕社会的到来，引导人们走出洞穴，走出丛林。人们可以通过劳动来创造生活，把握自己的命运，同时也开始了人工营造屋室的新阶段，并建立了以自己为中心的新秩序，真正意义上的"建筑"诞生了。在母系氏族社会晚期的新石器时代，在仰韶、半坡、姜寨、河姆渡等考古发掘中均有居住遗址的发现。北方仰韶文化遗址多半为半地穴式，但后期的建筑已进展到地面建筑，并已有了分隔成几个房间的房屋（如图1-3、图1-4）。❶

图1-3　原始半穴居建筑复原图

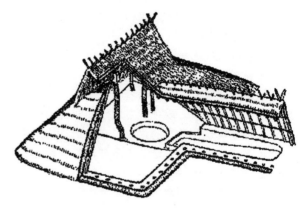

图1-4　仰韶遗址半穴居

---

❶　中华古建筑——原始建筑. http：//zqax. net/bbs/dispbbs. asp？boardid＝21&id＝21269&star＝1&page＝18.

穴居因所处之地势的差异而有不同的形式，《礼记·礼运》中提到，"地高则窑于地下，地下则窟于地上，谓于地上累土而为窟"。文中"地高"的形式指黄土原上的穴居，为避风寒而穴于地下。"地下"的形式可能指平原、丘陵地带的穴居。这里体现了古人朴素的环境观，因地制宜。穴居实例以半坡遗址比较有代表性。有迹象表明，半坡穴居顶部已有通风排烟口。《礼记·礼运》还提到，"昔者先王未有宫室，冬则居营窟，夏则居橧巢。未有火化，食草木之实、鸟兽之肉，饮其血，茹其毛。未有麻丝，衣其羽皮"。显示了旧石器时代人居环境下的人类充分利用自然条件的节能潜意识。

（二）新石器时代

新石器时代出现了原始聚落这一人文景观。其群体布局、单体的结构与装饰，较之岩穴类的自然庇护所有了更大的进步，从而与生态系统发生了初期的分离。此时，中国境内原始聚落最发达的地区位于东部和西部相间的黄河中上游地带，以渭水为中心，这里林木茂盛，特别是黄土层厚实，土质细密且含有少量石灰质，为穴居建筑提供了充分的条件。

在南方较潮湿地区，"巢居"已演进为初期的干阑式建筑。如长江下游河姆渡遗址中就发现了许多干阑建筑构件，甚至有较为精细的榫、卯等。既然木构架建筑是中国古代建筑的主流，那么我们可以大胆地将浙江余姚河姆渡的干阑木构誉为华夏建筑文化之源。干阑式民居是一种下部架空的住宅，它具有通风、防潮、防盗、防兽等优点，对于气候炎热、潮湿多雨的地区非常适用。

无论穴居还是干阑居，在演变过程中，都保持和发展着住屋作为人类低于自然侵害的庇护所的基本功能，亦体现着朴素的环境观念。《墨子·辞过》篇对此有精辟的解释："为宫室之法曰：室高足以辟润湿，边足以去风行，上足以待雪霜雨露。"（如图 1-5~图 1-7）

图 1-5　巢居向干阑居的演变

图 1-6　河姆渡遗址干阑式民居复原图

3

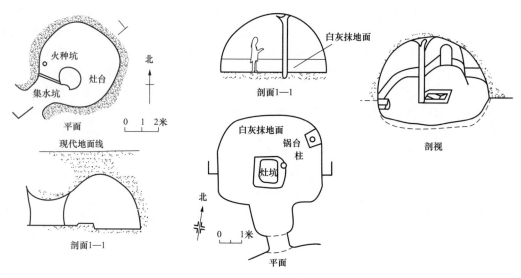

图 1-7　龙山遗址窑洞式穴居

二、古代建筑中的节能设计与理论

中国古代的生态观、建筑观与古代哲学观念联系紧密，可以说，中国古代的生态思想是我国古代哲学思想的延续。《老子》中有云："域中有四大故道大、天大、地大、人亦大。域中有四大，而人居其一焉。人法地，地法天，天法道，道法自然。"足见其对自然与和谐的推崇，追求返璞归真，让生活与生命和谐，倡导天人合一的观念。墨家也推崇勤俭的作风。由此，派生出了中国古代建筑以木构为主体，讲究围合与门堂之制，追求材料节约与形态柔美，建筑与自然环境和谐共处的特征。后期，亦产生了研究建筑与人居环境的风水学。

（一）中国古代的生态建筑特点

中国古代的建筑与生态特点，大致可归纳为以下三点。

第一，中国古代建筑与周围环境总是有机结合的。村舍的布局上，前面有场地，适应农事；后面有树林，得以进行环境调节。村落与建筑多依水而建，设置人工取水系统，水系满足了人们生活和交通的需要。有山的地方，建筑依山势而建，结合地势，设置成各种形式，坐北朝南，提供了良好的采光条件。依山傍水可以达到最佳的环境形式。因地制宜则是中国古代建筑的显著特点。南方湿润多雨，气候温和，建筑往往高耸、通透，便于通风排水（如图1-8）；北方建筑，出檐深远，敦实厚重，便于保温。

第二，建筑在空间布局上以"间"为单位，单体建筑采用奇数的开间；间前置院，由四壁的建筑围合形成中心的负空间，院落的单位为"进"，院中种植花草树木，奇石假山（如图1-9）。若干间进组合成院落，建筑在平面沿着轴线依次展开，仿佛延绵不绝的山水画卷。每个院落以同构的形式组成棋盘状的街道，最后形成城镇。

第三，中式建筑在取材与建造过程中具有可持续性。木材是可再生资源，合理开采可以无污染地利用，就地取材、加工方便。装配式的建筑，特别是榫卯形式的连接方便安装与维护。

4

图1-8　南方建筑苏州留园

图1-9　山西五台山佛光寺东大殿

（二）中国传统民居的节能设计

就传统民居来看，各地民居因地制宜，采用不同的形制，既做到与环境有机结合，又合理利用了资源。

北京的四合院（如图1-10、图1-11）在我国北方城市中具有典型性。院落宽敞，冬季日照充分，具有防止风沙侵袭、适合栽种植物的特点。

图1-10　典型的四合院（一）

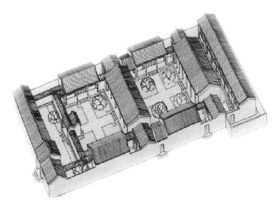

图1-11　典型的四合院（二）

作为严格遵从礼教规范的四合院，在不同气候条件下，也会在空间组织的规划上出现南北有别、东西不一的情况。"北京四合院为纵向连接布局，向南北方向延伸，东西向狭窄；而山西、陕西的四合院则相反，可能受气候（东西日晒而炎热）、地形的影响，是横向连接布局，向东西方向延伸，南北向狭窄。"❶ 而四合院中的院落，"在寒冷干燥、日照较少的北方，表现为南北向较长，院落空间开阔，以得到充分的阳光照射；而在湿热多雨、日照较长的南方，南北向相对较短，院落空间较小，建筑的阴影正好投射在院落中，形成了阴凉的小天井，即使在炎热的夏

❶ 陈从周，潘洪萱，路秉杰. 中国民居. 香港：三联书店（香港）有限公司，学林出版社，1993.

季也凉爽舒心。"❶

　　而东北地区的民居，中庭特别宽敞，除了土地条件和生产生活因素外，在北方严寒的气候条件下，能够得到充分的日照。

　　陕西关中地区的中庭建筑在空间形式上与前两者又有变化，在窄四合院中庭中，一半是南北向狭长，大约9m长3m宽，冬季可进阳光，夏日可避免西晒。到了夏季还可以利用"活檐"封闭天井，具有遮阳降温的效果，院内与街道相比可以降温3~5℃，是比较理想的夏季生活和工作空间，也是一组生态节能建筑。

　　江、浙、皖一带民居中庭是我国中庭建筑类型较多、最为集中的地方。由于气候温暖湿润以及社会、建筑文化的发展，中庭形式灵活多样，但以天井式中庭最为流行。天井式中庭常常布置在居住或工作房间廊厅的侧面、背面，构成极为凉爽而又宁静的中庭空间。加之远景淡雅清秀，更有意境效果。特别是徽派民居，中庭具有组织风向、通风降温的功能。其基本形式为庭院形布置，由房屋和围墙组成封闭空间，院内以南向房间为主，东西两厢为辅，中为东西较长的天井，平面形成"口"字形。这种中庭不像北方的四合院，东西北三个方向上都有正式房间，且天井很大；也不像江浙一带的四合院，个体院落略小，但东西厢房分明。徽派民居主要的房间面朝南向，两厢是很次要的、开间很小的辅助房间，一般为廊屋、楼梯间、储藏间等。此类天井具有采光、通风的功能，还能承接和排除屋面流下雨水的作用。在采光上，由于院落较小，此类建筑所进光线多为二次或者二次以上折射光，很少产生眩光。

　　泉州地区地理纬度低，太阳高度角大，如何选择适当的建筑朝向，组织良好的通风系统，综合考虑建筑的防晒、遮阳、隔热等措施，是当地民居建造时必须考虑的重要问题。泉州的建筑多选择南向布局，对获得夏季为主导的东南风向起到了良好的作用。在住宅内部，泉州民居（图1-12）则在平面布置中采用了天井、厅堂、通廊和侧院相结合的布局方式组织通风降温。当

图1-12　古典与现代结合的泉州民居

------

❶　周浩明，张晓东. 生态建筑——面向未来的建筑. 南京：东南大学出版社，2002.

风向正常时，天井既是引风口，又是出风口，风从天井吹向厅堂，进入通道，从后天井或侧院吹出，形成对流。若风的走向是东西向，由于主厅堂空间高大，山墙高耸，而两侧的维护又较低矮，风从侧向吹来遇到山墙拐弯吹进厅堂。总之，无论何类天气，这种通风系统都能起到组织通风、获得空气对流的作用，从而给居民带来阴凉和舒适。

（三）风水理论

在中国古代的营造活动中，渐渐积累起了一种分析评价自然环境与人居的学问——风水学。英国学者李约瑟在《中国的科学与文明》一书中说道，"中国的建筑不能失落它们的风景性质，中国的建筑总是与自然调和，而不反大自然。一般都偏爱蜿蜒的道路，迂回曲折的墙壁与波折多姿的建筑，盖求其适合山水景色，而不是支配他们，他们避免了直线与几何性布局"。另一位英国学者唐通在《中国的科学技术》中指出，"中国的传统是很不同的。它不求奋力征服自然，也不研究通过分析理解自然，目的在于同自然订立协议，实现并维持和谐。学者们瞄准这样一种智慧，它将主客体合二为一，指导人们与自然和谐"。中国的传统风水理论实质上是一种环境分析理论，是运用古代经典哲学、美学观点去观察批评环境的一种学术理论。风水的思维特征是抽象的、混沌的，但是古代风水师为了生存又不得不将其具象化，融合进民俗文化的基本内容，形成一个以宿命论为基调的杂家学说。以风水理论来考察宅社的具体方法可分为四个部分：觅龙，察砂，观水，点穴。其准则是"龙真""砂环""水抱""穴的""屏护"。所谓"龙"是指生气流动着的山脉，其中隐含着"靠山"的含义。以延绵起伏，蜿蜒曲折的山势为背景，无论从自然景观还是从生态环境来看，都是最佳的建筑选址。建筑背山，既可少占或者不占农田，又符合前面视野开阔，背后有依托的构图法则。所谓"砂"是指大山之下，建筑选址背后以及两侧重叠环抱的山势，两者之间隐喻着一种秩序关系，而且"砂"与"龙"配合在空间上起着围合和界定环境的作用，使建筑与自然环境的空间构图更加完美。所谓"水"是指建筑选址前面的水面，无论池塘、溪流还是河流，都特别强调水势"聚"的意境。水是生命之源，聚水于宅前，隐含着祈求家族团聚的含义。水还具有排污、养鱼、消防等实用功能。所谓"屏"是指建筑朝向的景观以远山为屏，即可完善自然空间的呼应关系，又可增加建筑景观的层次，起着护卫建筑的作用。所谓"穴"是指建筑的具体选择地点，龙砂环抱、水面围合，即所谓"阴阳之交""藏风聚气"之所在。

第二节　西方建筑节能发展历史

一、希腊与罗马

（一）希腊

希腊的亚里士多德（Aristoteles）、赞诺芬（Xenophon）、希波克拉底（Hippcrates）在其著作中论述了关于健康、城市规划和建筑设计的观点。亚里士多德曾经论证如何在城镇布局中使之面向东方或在北方加以遮蔽的方法；赞若芬曾经提出设置柱廊以及遮挡角度较高的夏季阳光而又使角度较低的冬季阳光能深射入室的建议，还提出使房屋南边升高北边降低以"防止冷风吹入"的意见。

（二）维特鲁威与《建筑十书》

罗马著名建筑师维特鲁威的著作《建筑十书》深深受着人们对气候之认识和看法的影响。

他首先提到选择基地与城市规划的原则，即防止主导风的漏斗效应。在选址的部分乃至全章中都谈到避免南向风、南向辐射热以及避免过于潮湿的问题，都涉及气候对房屋样式所起的主导作用。住宅的形式应该适应气候的多样性。在北方，房屋应该南向，前面应该有遮蔽物；在南方，房屋应该北向，应更开敞。现在尚缺乏充分证据能说明罗马建筑师在所有细节问题上都是按照上述各地中海建筑师与科学家的建议行事。当然，地中海一带的气候条件也有局部变化，但一般来说，这种变化对于夏季及冬季的需要都是有利的。因此，即使设计上有些问题，房屋也有足够的适应气候的能力，故人们尚能忍受。

二、中世纪和文艺复兴

（一）阿尔伯蒂与《论建筑》

在中世纪的西方，人们可能读过维特鲁威的著作，而采用了他在著作中所提出的某些解决实际问题的方法。但恰恰是在 15 世纪，出现了不少著名的理论，其中一些正是对维特鲁威观点的评论和批评，而这些都是从 1485 年阿尔伯蒂（Alberti）的《论建筑》一书的出版开始的。阿尔伯蒂对于建筑起源的论述较维特鲁威的见解更为简单通俗。他在著作中称："在某些较安定的国家中，开始时人们寻求定居地；当找到一处适合的地点后，便使之成为自己的住所，办法是将公私事务分开，不会混在一起，要使一部分用于睡眠，另一部分作为厨房，其余部分派其他用场。然后，人们又想到防日晒雨淋的顶盖；为此又树立墙壁以便装上顶盖。就这样，他们懂得了必须有更完整的掩体以遮挡刺骨的寒气并引入风景。最后，在墙身各边，从上到下开了门窗便于人们进出以及引入光线和空气，排除湿气和可能进入室内的大量水蒸气。"

阿尔伯蒂继续对更复杂、更特殊的建筑物演变过程作了描述。他的著作和维特鲁威的一样，用大量篇幅阐述了为了使房间保持温暖或者凉爽，或防止风吹日晒应如何选择建筑用地、微气候及材料的问题。他最早描述了横向气流和谷地霜冻的问题。指出："城市位于山坡下且面对日落方向于健康不利，除了其他原因外，最重要的是这样的城市会受到夜间冷风的突然侵袭。"

他认为，在炎热地区应防止山谷气流与风旋，防止陆地或水面对太阳辐射的反射，还提出使用轻质材料如毛或亚麻做墙面衬料，以便隔热并使墙体快速降温。这样，原始的掩体以及更细致的、能控制气候并得到舒适的建筑方案就会迅速地涌现出来。

（二）其他文艺复兴时期理论

除了阿尔伯蒂，我们还可以举出另外一些例子。帕拉迪奥（Palladio）在其著作《建筑四书》中提到了维特鲁威关于原始小屋由平屋面向斜屋面演化过程的描述，也指出由于湿度、风及日光反射容易造成过热，所以不宜在山谷中修建房屋。他认为私人住房是村庄、城市以及公共建筑的祖源。并且，对于古典建筑物正面三角形檐墙何以必须取那样的形式也有他自己的见解。赖克沃特认为帕拉迪奥别墅就表现了这种"古代原始住宅"的匀称外形（如图 1-13）。

帕拉迪奥还从意大利、西班牙以及法国理论家和批评家对维特鲁威的评论中探索着这种原始小屋所反映的思想根源。特别是他指出，在房屋的基本形式、基本构造始源的理论方面，劳吉尔（Laugier）、克劳德·培拉尔特（Claude Perrault）、钱伯斯（Chambers）和另外一些人的看法上虽然存在分歧，但总的说来，对于房屋的首要任务是做掩体这一观点则是基本一致的。

（三）拉斯金和莫里斯

拉斯金（Ruskin）及莫里斯（Morris）按照英国的习惯阐述了房屋的简单性及材料与装饰顺

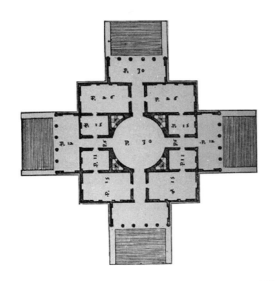

图 1-13　帕拉迪奥圆厅别墅

乎自然的优点，并阐明了根据自然的影响（其中最重要的是气候影响）而不是靠模仿进行建筑设计的重要性，这些思想在莫里斯的红屋设计建造过程中多有体现（如图 1-14）。

图 1-14　莫里斯红屋

三、近代建筑节能理论与实践

（一）理论的停滞

17、18 世纪文艺复兴时代的建筑师对于气候差异论的理解实际上并不比先前罗马建筑师了解得更多。这样说并不是认为文艺复兴时代的建筑物从环境或气候方面来看，尚未成熟，因为事实并不是这样。一般说来，当时带有少量窗户的大体量建筑物，在热质量方面，在限制通过窗户

9

所取得的热量与热损失方面以及墙体和屋面热阻作用等诸多方面所取得的成就已被广为应用。这种构造无论在西方还是在气候严寒的北欧地区都能起到很好的作用，在对付温度日波动方面效果也很好，人们一致认为室内热标准以及预期值都相当低。虽然如此，但龙巴度（Lombardy）的帕拉迪奥圆厅别墅与在伦敦的奇滋维克府邸（Chiswick house）无论是平面结构、窗户式样还是体量关系都几乎完全一样。这种千篇一律的建筑形式与乡土建筑形成了强烈的对比。

（二）建筑热工学

工业革命之后，特别是随着能量守恒定律的发现以及热力学的发展，工程师们尝试采用量化的科学方法研究建筑的热工性能。实验性的、量化的方法开始引入建筑领域，奠定了建筑热工学的基础。早在1857年，代利在对改造俱乐部的评论中已对照外围护结构的作用与人体功能做了模拟。菲奇（Fitch）也对这一观点进行了探索；拉波斯特都曾对建筑外围护结构、日照、窗地比、热流量等性能进行了定量的研究工作。

（三）太阳几何学

这一时期，还出现了关于日照分析的太阳几何学。太阳几何学是最清楚明了的，这种学科涉及图解法，可以将影子投射并画在建筑平面、立面及剖面上，或最好画在直观性强的透视图上；太阳几何学还涉及由太阳运行轨道推论出的一些空间法则。但这种方法主要是运用图形分析法，其理论则并无深奥之处。由于18世纪中叶以来科学气象学与气象仪表的出现，使得气候要素的计算数值与实测值较文艺复兴时期的作者所引用的数据更为准确可靠。所以，太阳几何学便愈加闻名了。

四、现代建筑大师的节能设计

（一）莱特的斯特奇斯住宅

进入20世纪的现代建筑运动时期，赖特在他设计的许多住宅中利用了太阳几何学，其中最著名的是洛杉矶的斯特奇斯住宅（Sturges house），在该住宅的各个方向的立面上不同进深的挑檐都与太阳角度有关（如图1-15）。

图1-15 斯特奇斯住宅

（二）包豪斯学派

以格罗皮乌斯为首的包豪斯学派对住宅的日照、层高、间距等都做了研究，建立了建筑应用声、光、热的物理环境学科，至此包括气候因素在内的一些物理因素对建筑应用的技术不再局限于上述问题。他认为气候是设计基本概念中的首要因素："通过感情的或形式上加以模仿的手法把古老的各种式样或当地昙花一现的最流行式样加以拼凑，是不能体现真正的地区性建筑特征的。但是，如果建筑师把完全不同的室内外关系作为设计构思的核心问题加以应用，那么，只要抓住气候条件影响建筑设计而造成的基本区别……就可以获得表现手法上的多样性……"。他的许多住宅设计和规划方案都是以太阳照射角度的选择作为设计准则的。

（三）柯布西耶的阳光城市

自 20 世纪 20 年代以来，柯布西耶在其设计创作中非常关心风和太阳对城市规划的影响。他强调的"阳光城市"，考虑"日光、空气和绿地"对于建筑节能与城市生态的作用（如图 1-16）。

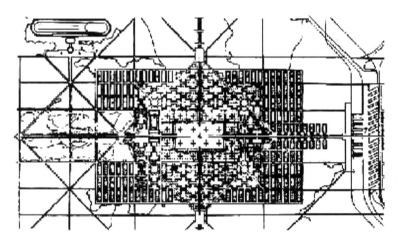

图 1-16　阳光城市

二战之后，随着石油危机、全球气候变暖等一系列环境问题的发生引起了人们对节能的关注。建筑作为能耗大户，节能设计与使用更为重要。这些内容将在本书的后续章节详细讨论。

（四）卡拉特拉瓦的"生命博物馆"

作为密尔沃基天际线上一个与众不同的建筑，密尔沃基艺术博物馆的特征是一个可移动的太阳屏。当清晨博物馆开馆时，像翅膀一样的屏展开以遮蔽建筑；夜晚闭馆时这个屏又收回。该建筑也有些绿色元素，例如，6 英里长的 PVC 地板管道在冬季能输送热水，使整个建筑保持温暖。"在结构上表现出欢腾气质，其外形在翱翔。它释放能量，对抗着引力。"（如图 1-17）

（五）让·努维尔的世界之眼

这一矩形建筑位于法国巴黎，是 1987 年由让·努维尔设计，它看起来完全是极具抽象风格的。但是玻璃的外部被金属的屏所覆盖，这些屏又由单个可移动的孔径所组成，这些孔径像眼睛的虹膜一样张合，控制阳光的进入量，既能在温度升高时保证内部的凉爽，又能在晴天为房间注

11

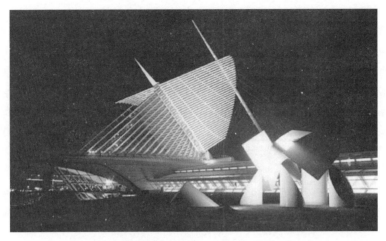

图 1-17 有生命的博物馆：密尔沃基艺术博物馆
（圣地亚哥·卡拉特拉瓦，2001）

入充足的光线。设计参考了传统伊斯兰建筑的风格，采用雕刻的屏和墙来控制光线。这种结构被称为"是世界上大多数创新性金属和玻璃外立面中最好的"（如图 1-18）。

图 1-18　世界之眼：阿拉伯世界协会

（六）最佳摩登：萨伏伊别墅

作为一处乡间住宅来设计，这个由强化混凝土修筑的光滑的几何建筑被认为是勒·柯布西耶的标志性作品。圆柱撑起建筑并在下方形成阴凉区域。平顶包括一个带多功能花园的阳台。简洁的线状窗户在设计上力求获得稳定的采光和室内空气流通效果。这所 1929 年的房子是现代建筑的一个"标志性"范例，并赞扬其设计的"知性协调"（如图 1-19）。

图 1-19　萨伏伊别墅

第三节　现代建筑节能意识与全球能源文明的崛起

一、节能意识与能源文明

研究建筑节能就必须认清中国未来能源的发展方向。国家能源办副主任、国家能源专家咨询委员会主任徐锭明认为，能源发展转换的规律就是从高碳到低碳，最后走向无碳，实现无碳。能源规律是从低效到高效（煤炭发电效率 30%～40%，天然气发电效率 55%～58%），从不清洁到清洁，从不集中到集中，从不可持续到可持续的发展过程。更重要的是在人类发展的历史过程中，人类能源的转换最开始是无意识的、不自觉的、被动的，在后石油时代，人类就是自觉的、主动的。低碳能源是低碳经济的基本保证，清洁生产是低碳经济的关键环节，低碳经济是全世界共同的课题，低碳经济需要全人类共同面对。

环境意识和环境质量如何，是衡量一个国家和民族的文明程度的一个重要标志。保护环境、节约能源是中国的基本国策，可持续发展就是要促进人与自然的和谐，实现经济发展和人口、资源、环境相协调，坚持走生产发展、生活富裕、生态良好的文明发展道路，保证良好地可持续发展能力。作为能源工作者要充分认识保护自然的重要性，要充分考虑自然的承载能力和承受能力，努力建设人和自然相对平衡的关系。

未来能源发展的方向是清洁、高效、多元、可持续。因能制宜，各尽其用；因需制宜，各得其所；因地制宜，多元开发；因时制宜，梯级利用。煤、电、油、风能要各尽其用，因地制宜，多元开发。南方北方不一样，东部西部不一样，不要一张面孔，要结合当地的实际情况来开发能源。分配得当、各得所需、温度对口、梯级利用。能源是大能源的概念，是未来新能源的概念，大家都要和而不同、美美与共，创建中国最好的能源体系。

人类只有一个地球，我们要考虑当代生存，也要考虑后代，不能像美国那样奢侈消费资源，中国要走一条新型工业化道路，即科技含量高，经济效益好，资源消耗少，污染释放少，人类资源得到充分发挥这样一条道路。这是必然的选择，否则就没有出路，不容易走但也要走。

2003 年提出的建设节约型社会目标，改变了人们的消费观念和基本的生活方式，中央反复强调，要把节约能源放在突出的战略位置，花最大气力抓好统筹节约。

知道变，而能应变，属下品境界；能在变之先，而先天下的将变时先变，才是上品境界。我们要早做准备，从容迎接。后石油时代不是一个点，而是一个漫长的时期。石油走上世界舞台替代煤炭，整整走了 50 年。人类每一次能源转换都是漫长的时期。后石油时代是一个相当长的时间，至少需要 20~30 年，甚至更长的时期。后石油时代是一个新的主体的接替时期，是新能源、可再生能源快速成长和发展时期。要大力鼓励支持新能源和可再生能源的发展，大力鼓励和支持石油替代产品的发展。从容地迎接新的主导能源时代的到来。

2010 年，我国水电总装机容量约达 1.9 亿 kW；2020 年的目标是达到 3 亿 kW；2010 年，生物质发电总装机容量约达 550 万 kW；到 2020 年风电和太阳能发电则分别要达到 3000 万 kW 和 180 万 kW，而现在太阳能发电的总装机容量还不到 10 万 kW。

在生物质能开发利用工作方面要做到三个不得、四个坚持。不得占用耕地，不得大量消耗粮食，不得破坏生态环境。要坚持以人为本，坚持科学发展，坚持可持续发展，坚持保护生态环境。三个不得、四个坚持比较全面反映了 2007 年 6 月 7 日国务院常务会议对发展新能源的指示。

中国的生物能源发展重点在农村，难点在农村。创建能源农业，开拓生物能源产业，不能和农业现代化结合在一起，一定要让农民得到好处，建立新的工农联盟，不要完全用工业的方式。替代能源的发展是一个渐进的过程，是一个有序发展的过程，更是一个技术开发和市场选择的过程。❶

二、现代建筑节能意识的崛起

（一）国外太阳能建筑发展的历史

太阳能建筑的最初发展类型是被动式太阳房。被动式太阳房是指通过建筑方位的合理布置，通过窗、墙、屋顶等建筑物本身构件的相互配合，以自然热交换的方式，使房屋取得冬暖夏凉效果的建筑。被动式太阳房最基本的工作机理是所谓"温室效应"。被动式太阳房的外围护结构应具有较大的热阻，室内要有足够的重质材料，如砖石、混凝土，以保持房屋有良好的蓄热性能。

在 20 世纪 30 年代，美国就开始太阳房的试验研究，先后建成一批实验太阳房。20 世纪 70 年代，一些工业发达国家都将太阳房列入发展研究计划，到 80 年代世界上建成的太阳房超过万座。

美国麻省理工学院（MIT）在 20 世纪初就开始研究太阳能利用，1947 年就建造了一幢利用外墙蓄热取暖的住宅。20 世纪 50 年代，太阳能利用领域出现了两项重大技术突破：一是 1954 年美国贝尔实验室研制出 6% 的实用型单晶硅电池；二是 1955 年以色列泰伯（Tabor）提出选择性吸收表面概念和理论，并研制成功选择性太阳能吸收涂层。这两项技术的突破，为太阳能利用进入现代发展时期奠定了技术基础。

自 20 世纪 70 年代世界性的石油危机爆发以来，能源危机给人们敲响了警钟，人们开始关注占国家全部能源消耗的 30%～40% 的建筑能耗问题，对建筑利用太阳能的重要性有了更深的认识。20 世纪 70 年代末 80 年代初对太阳能采暖技术研究形成高峰。研究处于领先地位的是美国。

---

❶ 中国未来能源的发展方向. http：//www.jskj.org.cn/show.aspx? id＝8244&cid＝65.

1976 年 5 月，美国在新墨西哥州召开了第一次被动式太阳能会议，此后每年举行一次，出版了内容丰富的会议文献。1972 年开始出版发行《被动式太阳能》杂志。1976 年，J. D. 贝尔孔伯编出集热墙式被动暖房的模拟程序 PASOLE，当年冬天，建立了并排的试验室并投入运行，利用试验结果对 PASOLE 进行了验证。1977 年春，贝尔孔伯等人利用验证的程序模拟分析了不同气象条件对热工性能的影响，根据模拟分析、小室试验和居室测试结果以及由此发展的一些简化计算、设计方法，于 1980 年出版了《被动式太阳能设计手册》。此外，美国还出版了许多实用的被动式太阳房建筑图集，既有成功的设计范例，也有对太阳房原理、构造的详细说明。比较著名的示范建筑有：位于新泽西州普林斯顿的凯尔布住宅（采用窗、附加阳光间和集热蓄热墙的组合式太阳房）；位于新墨西哥州科拉尔斯的贝尔住宅（主要采用水墙集取太阳能）；位于新墨西哥州科拉尔斯的戴维斯住宅（空气集热器和岩石仓储热的自然对流环路系统）。这些工具书的发行和一些样板示范房屋的建设，对美国公众接受太阳房起到了很好的促进作用。

（二）我国太阳能建筑发展的历史

我国的被动式太阳房研究工作起步较晚。第一幢被动式太阳房建成于 1977 年，地点在甘肃省民勤县，是一栋南窗直接受益，结合实体集热蓄热墙的组合式太阳房。1979 年中国太阳能学会成立。截至 1997 年底全国已经建成 740 万 m^2 的太阳房，主要分布在山东、河北、辽宁、内蒙古、甘肃、青海和西藏的农村地区。这些太阳房的建筑类型大部分为农村住宅，也包括学校、办公楼、商店、宾馆、医院、邮电所、公路道班房和城市住宅等，几乎覆盖了除工业用建筑物以外的所有民用建筑。在"六五"、"七五"、"八五"期间，国家科技攻关计划中都列入了太阳能建筑项目，这些科研项目的攻关内容涉及被动式太阳房的各个领域，既有基础理论研究、模拟试验、热工参数分析、设计优化，又有材料、构件的开发和示范房屋及工程建设。

在基础理论方面，通过对太阳房传热机理的分析，建立了太阳房热过程的动态物理、数学模型，根据模型编制了模拟计算软件。利用计算软件及模拟试验证，对影响太阳房热工性能的相关参数进行了灵敏度分析和优化计算，并在对已建成的试验和示范太阳房所做的大量试验、测试及工程实践的基础上，提出了优化设计方法，编写出版了适合我国国情的《被动式太阳房热工设计手册》。

在材料、构件的开发方面，我国的科技工作者除创造了花格蓄热墙、快速集热墙等新型的采暖方式外，对墙体、屋顶、地面的保温措施也因地制宜地创造了多种多样具有中国特色的形式。

在工程设计技术方面，形成了一整套有中国特色的被动式太阳房设计技术，各省、市自治区也有针对自己地域特点和居住习惯的设计技术措施。为指导设计，还相继出版了多册被动式太阳房实例汇编和设计图集，如《被动式太阳能采暖乡镇住宅通用设计试用图集》等。此外，各地区也发行了适合本地特点的设计图集，如《甘肃省被动式采暖太阳房通用设计图集》、《内蒙古被动式采暖太阳房通用设计图集》、《内蒙古采暖太阳房建筑构造图集》等。

"六五"至"八五"的国家科技攻关项目，为被动式太阳房在我国的普及推广奠定了坚实的理论基础。1988~1998 年是被动式太阳房从示范工程转向普及推广应用的阶段，该发展阶段的特点是以示范项目带动推广工程。据不完全统计，到 1996 年底，全国已建成不同类型被动式太阳房 1.5 万多栋，累计建筑面积在 455 万 m^2 以上。2007 年还发布了中国建筑节能年度代表工程榜，见表 1-1。

表 1-1   2007 年中国建筑节能年度代表工程榜

名 称	图 片	上榜理由
人民大会堂节能改造		中国最高政府机关率先垂范大型公建节能
建研科技园		综合集成"节能、节地、节水、节材"与新能源、资源化技术,全方位展示国家级建筑科学与建筑节能创新成果
"浦江智谷"商务园		首幢节能楼已被推荐给国务院三部委实施"京都议定书"确定的发达国家和发展中国家进行温室气体减排的首选合作项目
广州大学城		集约化、节约型城市建设新尝试,城市能源循环梯级利用的有益探索
武汉琴台大剧院		集约化、节约型城市建设新尝试,城市能源循环梯级利用的有益探索
广东科学中心		广东省 21 世纪标志性建筑,建筑节能和绿色建筑技术应用展示区域建筑节能发展

16

名　　称	图　　片	上　榜　理　由
拉萨火车站		可再生能源技术在举世瞩目的青藏铁路工程中的应用，建筑美学与建筑科技的完美结合
山东交通学院图书馆		普通适宜技术探索中国特色绿色建筑道路的成功启迪，2007 年建设部绿色建筑创新一等奖
中国气象科技大厦		北京奥运配套工程，依靠智能技术降低运营能耗，展现我国智能建筑系统集成技术创新的窗口
同济大学节约型校园示范工程		节约型校园建设的先行者，建设部 2007 年科技计划中全国唯一的"节约型校园示范"项目
上地 MOMA		中国科技地产的探索者利用高科技手段打造低能耗、高舒适度建筑的又一尝试
深圳万科城四期		"十一五"国家十大节能工程中建筑节能工程项目之一，国家级绿色建筑示范项目

名　　称	图　　片	上 榜 理 由
东北大学游泳中心		全国地源热泵技术推广试点城市——沈阳市地源热泵应用的成功案例
天津市建筑节能中心		天津市首座集示范、展示、普及、试验、办公等功能为一体的中国北方地区绿色节能建筑示范基地
唐山既有建筑节能改造项目		中德建筑节能技术合作项目，为中国北方既有建筑节能改造确认相关理念与标准
上海羽北小区既有建筑节能改造项目		上海市首个全面进行节能改造的住宅小区，为南方既有住宅节能改造提供了理论依据和实践经验

从表 1-1 可以看出，已取得重要成果的节能建筑代表大多是公共建筑，在住宅领域节能建筑更是可以大有作为。据研究表明：与一般住宅相比，建造节能建筑，每平方米造价增加约 30~80 元。而对于一套 100m² 左右的节能建筑，每年节约的电费 1000~2000 元。因此，建造时因"节能"增加的成本在 2~4 年内就能收回。在以后的几十年中，这套节能建筑将长期节约使用费用。如果按建筑使用寿命 50 年计算，一套 100m² 左右的住宅，长期使用节约的能源费用为 5 万~10 万元。

广东省的抽样调查显示，目前广东的建筑能耗约占总用电量的 20%。如果将广东全部既有建筑进行节能改造，新建建筑严格执行节能标准，按 2005 年广东全年总用电量 2207.3 亿 kW·h 来计算，一年可节约 132.4 亿 kW·h 的用电量，折合标准煤 358.4 万 t。此外，还可以每年减少向大气中排放污染物二氧化硫 11.92 万 t、二氧化碳 1456.83 万 t、氮类化合物 5.83 万 t。❶

---

❶ 发展太阳能离不开建筑一体化.http：//www.shcns.cn/2008-01-28.

18

新兴的太阳能与建筑相结合的生态节能房，在突出生态和居住舒适度的基础上，力求节能最大化。以专为 2010 年世界太阳能大会而备的节能样板小区为例，其绿化率达到 61.3%，相当于现行新小区规定的绿地率的 2 倍多，而其容积率没变。该项目中，太阳能将提供生活热水和游泳池水加热的能源，节能率为 70% 以上，太阳能和地热能将提供小区会所的空调制冷 65% 以上的能耗，节能效果显著。

　　为推广绿色建筑，2006 年 5 月，中国首次制定中长期战略发展规划，确定 60 项战略发展项目，"绿色建筑"是其中之一。同年 10 月，国家确定的国民经济五年发展规划中，将"绿色建筑"作为城镇化发展的核心内容予以说明。现阶段的中国绿色建筑设计要抓住三个要点，一是要足于本土，树立正确的绿色建筑观念；二是应以低能耗为核心；三是走低成本的精细化设计之路❶。从中国绿色建筑设计的要点来看，核心内容是建筑节能，而建筑节能的关键是再生能源的高效开发与利用，建筑与太阳能一体化设计则是重中之重。

---

❶　发展太阳能离不开建筑一体化 . http：//www.shcns.cn/2008-01-28.

第二章 中外太阳能建筑的比较研究

中国的可再生能源中，水能居世界第一位，太阳能居世界第二位，潮汐能、地热能、风能和核能都很丰富，但利用率极其低下，均不及世界发达国家的一半。

第一节 国外太阳能建筑的发展现状

国外太阳能建筑已经发展到主动式太阳房阶段，更先进的"零能建筑"也已经出现。主动式太阳房是一种以太阳能集热器、管道、散热器、风机或泵以及蓄热装置等组成的强制循环太阳能采暖系统或与吸收式制冷机组成的太阳能供暖和空调的建筑。主动式太阳房所采用的太阳能供暖系统主要有：热风集热式供热系统、热水集热式地板辐射采暖系统、太阳能空调系统、地下蓄热式供冷暖系统等。

一、美国

在主动式太阳房的研究领域，最早的主动式太阳房是 20 世纪 40 年代美国麻省理工学院以太阳能集热器作为热源的供暖、空调而建成的 Ⅰ 号到 Ⅳ 号实验太阳房。20 世纪 70 年代以后，又有华盛顿近郊的托马森太阳房和科罗拉多州丹佛市的洛夫太阳房建成。这说明太阳能供暖、空调系统在技术上是完全可行的，但由于投资较大，推广普及程度不及被动式太阳房。直到 20 世纪 90 年代，开发出更加高效的太阳集热器和吸收式制冷机、热泵机组，应用范围才得以扩大。在美国，太阳能住宅被称为建筑物一体化设计，即不再采用在屋顶上安装一个笨重的装置来收集太阳能，而是将半导体太阳能电池直接嵌入墙壁和屋顶内。太阳能电池能够在白天高峰时间内产生过剩的电能，从而形成电能储备，以供随时使用。根据一体化的设计思想，美国电力供应部和能源部合作正推出一系列新型建筑部件，如住宅屋顶太阳能"屋面板"及用于商业性建筑立面的"窗帘式墙壁"。

美国是世界上能源消耗最大的国家，美国国会先后通过了《太阳能供暖降温房屋的建筑条例》和《节约能源房屋建筑法规》等鼓励新能源利用的法律文件。在经济上也采取有效措施，不仅在太阳能利用研究方面投入大量经费，而且由国会通过一项对太阳能系统买主减税的优惠办法。因此，美国太阳能建筑的发展极为迅速，无论是对太阳能建筑的研究、设计优化，还是材料、房屋部件结构的产品开发、应用，以及真正形成商业运作的房地产开发，美国均处于世界领先地位，并在国内形成了完整的太阳能建筑产业化体系。美国于 1996 年开始了一项"光伏建筑物计划"，共投资 20 亿美元。

二、日本

与我国同处于亚洲的日本在主动式太阳房的研究领域也处于世界前列。1974 年日本通产省制订了"阳光计划"，并按此计划建造了数幢太阳能采暖空调试验建筑，如矢崎实验太阳房。而且多年来，日本的太阳能采暖、空调建筑一直稳步发展，许多大型建筑物上都已经应用了太阳能系统。例如，日本从 1994 年实施的"朝日七年计划"，到 2000 年将安装 16.2 万户房顶太阳能系统，总容量达 18.5 万 kW。1997 年又再次宣布实施"7 万太阳屋顶计划"，光伏组件总安装容量 280MW。2001

年，日本国内已建设光伏系统 5.2 万套，光伏组件总安装容量 312MW。

三、德国

目前，德国每年生产的太阳能电池的发电能力为 2.5MW，两个即将建立的太阳能电池生产基地产量将占世界太阳能电池需求量的 1/3。德国目前有 2000 多家经销太阳能住宅各种构件的商店，而 5 年前仅有 120 家。1990 年开始实施由政府投资支持、被电力公司承认的"1000 屋顶计划"，提出"10 万套太阳能屋顶"。目前已建起了许多不同类型的太阳能建筑，其中主要的三种类型如下。

1. 生态楼

柏林建造了第一座生态办公楼。大楼的正面安装了一个面积为 64m² 的太阳能电池代替玻璃幕墙，其造价并不比玻璃幕墙贵。屋顶的太阳能电池负责供应热水。大楼的屋顶设置储水设备，用于收集和储存雨水，储存的雨水用来浇灌屋顶上的草地，从草地渗透下去的水又回到储存器，然后流到厕所冲洗马桶。楼顶的草地和储水器能局部改善大楼周围的气候，减少楼内温度的波动。

2. 太阳能房屋

能在基座上转动的跟踪阳光的太阳房屋，房屋安装在一个圆盘的座上。由一个小型太阳能电动机带动一组齿轮，房屋底座在环形轨道上以 3 cm/min 的速度随太阳旋转，当太阳落山以后该房屋便反向转动，回到起点位置。它跟踪太阳所消耗的电力仅为该房屋太阳能发电功率的 1%，而所获得的太阳能相当于一般不能转动的太阳能房屋的 2 倍。

3. 零能量住房

这种住宅 100% 靠太阳能，不需要电、煤气、木材或煤，也没有有害的废气排入空气中，以保持周围环境空气的清新。其向南开放的平面是扇形平面，这样可以获得很高的太阳辐射能。其墙面采用蓄热能力较好的灰砂砖、隔热材料及装饰材料。阳光透过保温材料，热量在灰砂墙中存储起来。白天房屋通过窗户由太阳来加热，夜间通过隔热材料和灰砂砖墙来加热。

法国、澳大利亚、英国等发达国家也拥有相当先进的太阳能建筑应用技术。著名的集热蓄热墙采暖方式即是法国人菲利克斯·特朗勃（Felix Trombe）的专利，法国的奥代洛太阳房是该采暖理论转化为实际应用的第一个样板房。英国利物浦附近的沃拉西的圣乔治郡中学，则是直接受益式太阳房最大和最早的样板之一，尽管英国的太阳能资源并不丰富，该所中学安装的常规采暖系统却从未使用过。

第二节　国内外住宅建筑太阳能应用状况

一、国外

除了主动式太阳房的发展，国外的住宅建筑其他方面的太阳能利用也相当充分。在国外不仅太阳能热水器技术是一项广泛应用的成熟技术，光伏发电技术也有一定程度的推广和利用。目前太阳热水器技术及推广应用较好的国家有奥地利、希腊、以色列、丹麦、德国、荷兰、澳大利亚、日本、美国等国家。这些国家 2007 年每千人拥有太阳能热水器的面积见表 2-1。

表 2-1 各国每千人拥有太阳能热水器的面积

国家	面积/m^2	国家	面积/m^2
奥地利	265	希腊	264
以色列	580	丹麦	60
德国	52	荷兰	13
澳大利亚	164	日本	58
美国	40	土耳其	95

为进一步扩大太阳能热水器在建筑住宅中的应用市场，一些国家还制定了相关法律和政策。如以色列1982年出台了太阳能热水器法规，规定凡是新建建筑必须安装太阳能热水器，否则政府不予批准建设。1999年西班牙巴塞罗那市议会一致通过太阳能条例，2000年开始实施，要求改造或新建的建筑必须强制安装太阳能设备。德国和荷兰政府鼓励在建筑中应用可再生能源，其投资成本可由政府返还15%~30%。有些国家在建筑法规中引入太阳能规范，如希腊、西班牙的建筑规范中规定了利用太阳能的测试程序和发放标志证书。而澳大利亚则制定了购买使用太阳热水器的优惠政策。国外先进的技术及政策、法规对推动太阳能热水器在建筑住宅中的应用起到了重要作用。

太阳能光伏发电在建筑中的应用是国外发达国家新能源开发的又一重点。欧美国家不仅在太阳光伏发电制造技术上处于领先地位，在应用上也大大领先于我国。美国白宫率先在建筑中安装太阳能发电和光伏设备，并将进一步向学校、图书馆、私人住宅和各种公共建筑中推广，达到减少温室气体排放，带动新兴产业发展，创造新技术工作岗位等目的。为实施这一规划，还对建筑师的工作提出了新的要求，不仅要求建筑师了解太阳能技术，而且要自觉地参与太阳能技术在建筑中的推广应用。美国能源部为推动太阳能热水器在建筑中的应用，提出了新思路，在太阳能研究计划中完成了题为"太阳能市场战略部署：新建住宅市场开发"的研究，并提出一个在住宅建设市场中销售太阳热水系统的总战略。该项目研究的内容为四个部分：在新住宅行业中销售和推广太阳热水系统；太阳热水系统市场的综合评价；为对在新建住宅中销售太阳能热水器业务感兴趣的商家创建一个总体的综合的太阳热水开发的战略布局；向住宅开发商推销和促销太阳热水系统应采取的促销资料和促销手段。

二、国内

近些年来我国太阳能利用取得显著成绩。太阳能光电保有量达到15MW，用于通信、铁路、公路信号电源、农村户用电源及无电地区光伏电站，解决无电乡镇、县城的用电问题。光电池年产量2.5~3MW，有几个生产规模较大的光电池生产厂正在建设中。发展最快的是太阳能热水器，太阳能热水器是以太阳照射为能源把冷水加热的一种转换装置，在家庭、宾馆等洗淋方面用途广泛。据悉，到2001年我国累计拥有太阳能热水器已达3100万 m^2，居世界第一位。预计2015年全国家庭住宅太阳能热水器普及率可达20%~30%，累计将拥有2.32亿 m^2。那么到2005年、2010年、2015年，可形成年节煤能力分别为125万 t、270万 t、445万 t，同时可形成年减排CO_2、SO_2和粉尘能力分别为90万 t、2.5万 t、25万 t和198万 t、5万 t、50万 t以及320万 t、9万 t、90万 t以上，极大地改善环境，减低空气污染。例如，京郊农户的太阳热水器达32.74

万 m^2，用户 30 万，占总农户的 20%。经估算一台 $1.2m^2$ 的太阳能热水器，其年能源效益约合 0.350 吨标准煤，相当于 $900kW \cdot h$ 电能。由此估算京郊农户的太阳能热水器一年的总节电能力可达 240 万 $kW \cdot h$。据报道，上海热水能耗约占燃料能耗的 60%，计 139.7 万 t 标准煤。那么依该地区太阳能资源，热水器性能，利用太阳能热水器可提供 60% 的热水需求，其最大节能潜力可达 83.8 万 t 标准煤。若使 30% 居民使用太阳能热水器，则有 25.14 万 t 标准煤的节能潜力，更主要的是减少直燃煤所致的环境污染。而广州某宾馆采用太阳能集热系统，晴天可利用太阳能加热、阴天可自动转换电能加热的全天候热水器，可满足 150 多间客房 300 多位宾客饮用水及淋浴热水，取得年节电 14 万 $kW \cdot h$ 的效益。多层建筑物太阳能热水系统，是当今住宅小区充分利用楼层的集热面积，可集中供热、全天供热水、耐冷热冲击、抗雹、防垢以及可实现自动控制并使楼宇美观，布局合理，极具节能、环保潜力。

目前我国在建筑住宅中应用的太阳能热水器技术，主要有闷晒式热水器和循环式热水系统两大类。将集热器与储水箱合为一体的闷晒式热水器，结构简单、价格低廉，适合农村使用，市场占有率 5% 左右。循环式热水系统的集热器有平板式太阳集热器、全玻璃真空管集热器，前者市场占有率高达 80% 以上，并在大型建筑太阳能供热水工程中占主导地位。为提高太阳能热水器在住宅中应用的可靠性，保证全天候运行，在太阳能热水系统中较多地采用了电辅助热源和自控技术。为解决冬季热水系统防冻问题，已开发出和正在开发双回路分体式热水系统及自动排空系统。自 1989～2002 年，我国共制定 10 项国家标准和 3 项行业标准，对保证住宅建筑中太阳能热水器的质量起到了重要作用。

我国光伏发电产业的大发展是在 2000 年以后，主要是受到国际大环境的影响、国际项目和政府项目的启动以及市场的拉动。目前，我国光伏产业的发展已初具规模，但在总体水平上我国同国外相比还有很大差距，表现为以下几方面。

1）生产规模小。我国太阳电池制造厂的生产能力约为 0.5～1MW/年，比国外生产规模低一个多数量级。

2）技术水平较低。电池效率、封装水平同国外存在一定差距。

3）专用原材料国产化取得一定成果，但性能有待进一步改进，部分材料仍采用进口品。

4）成本高。目前我国电池组件成本约 30 元/W，平均售价 42 元/W，成本和售价都高于国外产品。

5）市场培育和发展迟缓，缺乏市场培育和开拓的支持政策、措施。

目前国内的太阳能电池生产厂家主要如下。

1）无锡尚德太阳能电力有限公司，生产电池、组件，年生产量为 50MW。

2）云南半导体器件厂，生产单晶硅电池，年生产量为 2MW。

3）保定应利太阳能组件厂，生产多晶电池、组件，年生产量为 6MW。

4）上海交大国飞太阳能电池厂，生产组件，年生产量为 1MW。

5）上海光伏科技有限公司，生产组件，年生产量 5MW。

第三节　太阳能建筑的发展动态

一、我国发展现状

我国太阳能建筑的研究和应用还停留在第一阶段。"九五"期间，"太阳能空调"列入科技攻关计划，成功地建成了两座有一定规模的实用性太阳能空调系统，分别是：中科院广州能源所在广东省江门市建成的100kW太阳能空调系统，采用高效平板太阳能集热器和低温运行的两级吸收式制冷机；北京市太阳能研究所在山东省乳山市建成的100kW太阳能空调系统，采用热管式真空管集热器和中温运行的单级吸收式制冷机。新型的太阳能冷热并供系统能同时提供空调和热水，系统总效率可高达88%。冬季单纯供热运行时，利用制冷机作热泵运行，可以增加产热20%~30%，系统减少了设备及泵耗，降低了造价和运行成本。太阳能空调及供热系统的成功应用，为第二阶段的主动式太阳房创造了条件。随着太阳电池不断提高效率、降低成本，利用光伏技术解决建筑物用电问题是切实可行的。

我国发展第三阶段的太阳能建筑时机现已经成熟。中科院广州能源所依靠其本身的技术，正在其实验大楼建一座全部依靠太阳能供电、供热和供冷的示范性太阳能建筑。其中，应用全新概念的太阳能冷热并供技术者（10kW示范系统），太阳能利用总效率高达80%以上。

当前，我国被动式太阳能房屋的技术已日臻成熟，我国被动式太阳房已进入规模普及阶段，主要表现在以提高室内舒适度为目标，由群体太阳能建筑向太阳能住宅小区、太阳村、太阳城发展。特别是常规能源相对缺乏，经济相对落后，环境污染比较严重的西部地区，发展速度更为迅速，有的地区年平均递增率达15%。各地还制订了包括推广太阳能建筑的阳光计划，比如投资额达4.28亿元的兰州市"阳光计划"，计划在郊区建设73.3万m²的太阳能住宅小区；甘肃省临夏市建成了占地9.8ha，建筑面积9.2万m²的太阳能小区等大型工程项目。从"六五"至"八五"的国家科技攻关项目中。通过坚持不懈的努力，终于使国家"九五"重点攻关项目——"太阳能空调热水系统"在广东江门市投入实际运行。而这将是对节能、环保的积极贡献。2000年10月，我国首座太阳能建筑系统样板房在常州天合铝板幕墙制造有限公司研制成功。该样板房的使用面积达90m²，具有发电、节能、环保和增值功能，可提供生活、办公用电，最短使用时间期限为30年。它的建成，对我国大规模推广民用太阳能建筑意义重大。

二、国内外发展趋势

（一）国外太阳能建筑的发展趋势

国外太阳能建筑的发展趋势首先是"主动式太阳房"成为太阳能建筑的主导产品并大规模开发，其次是"零能建筑"投入商业运营。"零能建筑"，这种建筑由"太阳能屋顶"提供全部建筑所需要的能量，一般在屋顶安装2~4kW太阳电池，且与电网并网。当晴好天气阳光充足时，太阳电池可满足一个家庭全部能量需要，富裕的电能可输送给电网；当天气不好阳光不足时，则由电网供电。有的建筑还装有太阳集热器，为建筑供热。由于目前太阳电池价格较高，普遍推广"零能建筑"还有困难，尚处于实验阶段。

关于主动式太阳房的大规模开发，美国"百万太阳能屋顶计划"是规模最大、涉及部门最多、正在逐步实现的项目计划。该计划是在1997年6月克林顿总统对国会所作的关于环境和发展的报告中提出的，是美国面向21世纪的一项由政府倡导、发展的中长期计划。该计划的目标是：2010年约安装101.4万套太阳能住宅（包括联网屋顶光伏系统和太阳能供热系统），光伏组件的总装机容量达302.5万kW。届时，系统的建设成本可降到2美元/W，电价可降到7.7美分/（kW·h），年减排$CO_2$351.1万t，总计可增加就业7.15万人。欧盟也在2010年建成约50万套太阳能屋顶。英国政府也推出"百万幢绿色能源建筑"。如果上述计划都顺利实现，将极大促进太阳能建筑的发展。主动式太阳房，甚至"零能建筑"都可以实现与常规能源建筑的有效竞争。

国外太阳能发电产业发展迅猛。太阳能发电光伏产业在20世纪末21世纪初受到了世界各国的重视。各国纷纷立法，制定鼓励政策，提出发展规划，大力扶持，推广应用，促进了光伏产业飞速发展，使其成为近十年来增速最快的能源产业之一。1995~2005年全球PV产量的年平均增长率（CAGR）以两位数增加，1995~2000年的CAGR为30%，2000~2005年的CAGR为44%。PV的安装量从2000年的245MW猛增到2005年的1460MW，年平均增长率达43%，其中德国为80%，美国为35%，日本为25%，欧洲其他地区为43%，世界其他地区为13%。PV产业在未来十年仍将保持发展的势头。在德、日、美等40多个积极发展太阳能产业的政府的推动下，目前太阳能终端用户的需求量大大超过了产能增长。

德国是世界领先的太阳能发电业市场，占世界太阳能发电产能的55%，2006年德国太阳能发电业共创下38亿欧元的销售额。在德国进行太阳能发电方面的投资不仅拥有良好的政策环境，而且还拥有优秀的人才和科研力量。例如，加拿大公司正在德国城镇建设一个太阳能电池制造厂。该公司首席执行官认为德国的人才力量是其一大优势，"我们之所以选择德国是因为它是世界上最大的太阳能市场。在此汇聚了很多的太阳能技术公司，同时还拥有技术熟练的工人。"

埃及计划在开罗附近的库那河建设一座太阳能和天然气混合发电厂，装机容量为15万kW。埃及项目将建设在首都开罗以南104km处。库那河项目所使用的技术是用抛物线状的碗蝶吸收太阳的热量，然后用反射的热量加热管子中的液体。液体温度可达400℃，继而再驱动蒸汽轮机发电。这也是家庭发电太阳能技术的一部分，称为太阳能集中发电，而现在美国几乎全部采用太阳能集中发电。库那河项目耗资2亿美元，2009年竣工，发电量约为15万kW，其中45%通过太阳能碗蝶槽集热蒸汽轮机发电，其余则利用天然气发电，这样在晚上和天气恶劣时仍然可以保证电力供应。

美国能源部圣地亚试验室的太阳能专家称，太阳能集中发电与天然气发电结合使用非常普遍，自20世纪80年代末以来加州的此类电厂的装机容量已达3514万kW。太阳能发电占电厂发电量的75%，其余的为天然气发电。由于埃及以及许多中东和北非国家日照天数比欧洲和北美多，因此他们非常适合发展这种电厂。

摩洛哥、阿尔及利亚和伊朗都在建设或计划建设太阳能碗蝶槽集热发电厂。虽然太阳能集中发电只占世界能源供应很小一部分，但潜力巨大。绿色和平组织和欧洲太阳能热力工业协会2006年报告显示，太阳能集中发电到2040年将为世界供电6亿kW，满足世界5%的电力需求。美国能源部估计，内华达州9%的面积——大约1万平方英里，遍布太阳能碗蝶槽集热板，就能满足全美的电力需求。2007年8月，以色列索莱尔太阳能系统公司宣布将与美国太平洋天然气与电力公司在美国加利福尼亚的摩哈维沙漠建造世界上最大的太阳能发电厂。该发电厂由120万块水槽型太阳能电池板和510km长的真空管组成，占地2430公顷，全部建成后，最大发电能力为553MW，可为加州中、北部40万户家庭提供电力。新的太阳能发电厂建成后，太平洋天然气与电力公司将有 18% 的电力来自再生能源。以色列索莱尔公司首席执行官阿维布莱米勒称，除加州的项目外，他们还计划在以色列和西班牙建造大型太阳能电厂。

在韩国蔚山市蔚州郡的日出村，33 户居民中有 22 户安装了太阳能发电机和太阳能热水装置，每月的发电除供自家使用外，节余的电能还可输入韩国电力公司的电网；太阳能热水装置能将水温升至 60~90℃。该村居民靠太阳能发电和供给热水，每户每月节约的能源价值达 15 万韩元。日出村只是韩国众多"太阳能示范村"的一个缩影。2004 年，韩国政府开始实施"10 万户绿色住宅建设"项目，目前已初见成效，像日出村这样的"太阳能示范村"已有 10 余个，受益居民达 7800 多户。在日出村，每个家庭的太阳能发电、热水装置的安装费约为 3700 万韩元，其中居民家庭自己负担 185 万韩元，约占总费用的 5%，其余部分由中央财政和地方政府负担。截至 2007 年 3 月，韩国全国经审批已开工兴建或正在办理审批手续的太阳能发电设备项目共 261 项，发电装机总容量达 121MW，可供 5 万户居民使用，是 2006 年已竣工项目和发电装机容量的 10 倍。2010 年太阳能发电的供电户数约达到 10 万户。由于市场前景看好，再加上政府政策引导，一些企业竞相进入太阳能发电产业领域。据韩国联合通信社 2007 年 5 月报道，东洋公司将和太阳能发电站专业建设公司 SunTechnics 合作，在位于首尔西南约 400km 处建设一座太阳能发电站，东洋公司将为此投资约 1169 亿美元。东洋公司称，该太阳能发电站的设计发电功率为 20MW，建成后将取代发电功率为 11MW 的德国巴伐利亚太阳能发电站成为世界最大的太阳能发电站。

（二）我国太阳能建筑的发展趋势

综合考虑我国的社会经济发展水平，被动与主动相结合是太阳能建筑现实的发展方向。建筑物空气温度调节要消耗大量的能量。在我国，它要占到建筑物总能耗的 70% 左右。用空调机和燃煤来控制室温不仅消耗能量，带来外界的环境污染，而且并不能给室内人员带来健康的环境（虽然暂时它是舒适的）。在太阳能用于采暖方面，除造价较低的被动式太阳房有一些示范性建筑外，还没有大规模地采用。主动式太阳房供能由于成本更高，与我国的经济发展也不相适应。因此，应采取建筑供能的主动与被动相结合的思想及太阳能与常规能源相结合的思想。按照房间的功能，采用不同方案的配合及交叉，这样可以大大降低太阳能用于建筑供能的一次投资和运行成本，使得整个方案在商业化的意义下具有可操作性。被动采暖与降温的意义在于使建筑本身能量负荷大大降低（节能率约 70%），使其所要求主动供能装置提供的能量大大降低。也就是说，它将对昂贵装置的要求降低。另外，被动供能是巧妙利用自然条件的变化来调节室内温度，而主动供能的意义在于保障建筑室内的舒适性增加。

在主动与被动供能相互配合组成供能系统的情况下，整套建筑供能系统的设备性能将会提高，而尺寸和造价将会降低。太阳能主动供能与被动供能技术相结合，太阳能与常规能源相结合是实现建筑绿色供能可商业化的发展方向。

第四节　太阳能建筑发展的国内外对比研究

目前世界范围内 90% 以上利用的是太阳能的光热和光电两大类型，对太阳能建筑国内外应用状况的对比也主要是对光热利用和光电利用两大应用领域的对比。能反映太阳能建筑光热应用状况最直接的指标是太阳能热水器的各类数据，目前学术界和产业界较为通用的是太阳集热器面积的数量指标；能反映太阳能建筑光电应用状况最直接的指标是光伏电池的各类数据，目前较为通用的是光伏电池容量指标和成本指标，因而上述两类产品国内外的不同数据是本章对比的主要依据。

一、太阳能建筑光热应用国内外对比

（一）太阳能建筑光热应用国内外数量对比

1. 应用数量对比

我国太阳能热水器产业相对其他国家来说起步较晚，但由于太阳能热水器行业技术含量并非很高，再加上国内需求非常庞大，因而我国太阳能热水器产业发展非常迅猛，从 1979 年以前的几乎一片空白，到 20 世纪末，已成为全世界最大的太阳能热水器生产和使用国，无论太阳能热水器的保有量还是年新装量，都稳稳占据了世界第一的位置，且远远领先于其他各国。太阳能热水器所占市场份额是飞速增长的，近三年时间所占份额就增到 3 倍，增长极具潜力，而燃气热水器和电热水市场份额下跌，其中，燃气热水器下跌速度最快，这主要由于近年来国际市场石油能源的价格变化较大且总体呈增长趋势，因而导致消费者对未来的判断：常规能源价格必将继续走高，所以在考虑选用热水器时对太阳能给予了充分的考虑。

2. 人均占有量对比

单纯比较一国太阳集热器总体数量，可以反映出该国太阳能热水器产业发展状况，但并不能完全以此作为衡量该国光热利用水平的高低。尽管中国太阳能热水器应用在总量上占据世界第一的位置，但考虑到我国人口数量庞大，因而，在人均拥有太阳集热器面积数量上，我国处在较低的水平。人均占有量较低，从另一个角度看，也意味着该市场具有较大的提升空间。

（二）太阳能建筑光热应用国内外技术形式对比

目前太阳能热水器主要有四种应用形式：聚光型、真空管型、平板型和简易型（闷晒型），在对四种技术形式进行对比前，首先对其分别加以介绍。

1. 聚光型

聚光型太阳能热水器主要是利用反射光在反射镜面的焦点处将能量聚集的特性，在技术上属于较为高端产品，目前只有美国对其实现了产业化。聚光型太阳热水器虽然效率较高，但由于其特性要求在外观造型上必须为弧面或者球面，因而增加了与建筑的结合的难度，所以这也是其未得到广泛应用的原因之一。

2. 真空管型

真空管太阳能集热器的结构类似热水瓶胆，两层玻璃之间抽成真空，大大地改善了集热器的绝热性能，提高了集热温度。同时，真空管内壁采用选择性涂层，有的集热管背部还加装了反光板，因此具有较高的集热效率。真空管型的热损耗率最低、热效率最高，适合于高纬度或寒冷但不缺乏太阳能资源的地区使用。我国在 1978 年从美国引进全玻璃真空管的样管，经过多年努力，已建成拥有自主知识产权的具有现代化生产能力的全玻璃真空管产业。

3. 平板型

平板型主要是在集热器中利用铜、铝或者铜铝合金等金属制作的热管来吸收太阳能。尽管易于吸收，但热损耗率也较高，热效率要低一些。其成本和价格较低，因而在低纬度或温度较高地区较受欢迎。

4. 简易型

简易型大多属于太阳能热水器早期产品，以家庭自制居多，主要是通过一个较大储水容器进行闷晒，热效率非常低，且受天气影响很大。目前，该类产品处于逐渐被淘汰的趋势，但在一些热带国家因为太阳能资源极其丰富对热水器效率要求不高，所以仍然具有相当市场。

大多数国家都采用后三种中的一种、两种为主要应用形式，具体选用时，主要还是要与当地的气候条件相结合。国外主要以平板型太阳热水器为主，我国以真空管型太阳热水器为主，这主要因为一方面与我国拥有真空管型太阳能热水器的自主知识产权是分不开的；另一方面是因为我国太阳能资源较丰富地区大多集中在西北、华北和整个北方大部分地区，相对来说年平均温度较低，因而对太阳能热水器的热效率要求较高，所以真空管型在我国应用较广。截至2003年，真空管型太阳能热水器在我国的市场份额就已达到了83%以上，而简易型太阳能热水器市场份额已经缩小至2%左右，由此可见，我国太阳能热水器整体应用水平在提高，简易型逐渐淘汰，平板型保持一个较稳定的应用水平，而真空管太阳能热水器的应用在我国发展非常迅速，而且具有广阔的前景，极具进一步开发的潜力。

（三）太阳能建筑光热应用国内外应用领域对比

太阳能热水器的主要功能是为家庭、系统、单位提供热水，而所提供的热水主要用于洗浴、采暖及其他作用。各国根据各自发展水平不同及社会文化习惯不同，因而对太阳能热水器的热水要求和应用领域也不尽相同。发达国家技术水平相对先进，因而太阳热利用应用的领域较为广泛且高端，如奥地利、德国、美国、日本等，除了利用太阳能热水器提供家庭热水和热水工程以外，分别还用于采暖、空调、工业用水、泳池加热等对技术要求较高的领域，特别是美国，太阳热利用主要是应用于泳池加热，而这相对于发展中国家甚至一般的国家来说，都是属于比较奢侈的生活需求。此外，一些国家结合本国特点，对于太阳热利用又有一些特殊的要求，例如，希腊和日本，由于国土部分或者全部临海，淡水资源相对缺乏，因而开发应用了太阳热淡化海水技术。

我国太阳能热水器主要用于生活热水和热水工程领域，其中生活热水占绝对优势地位。受经济及技术条件限制，我国对太阳热利用的开发程度距世界水平尚有较大距离，人们对太阳热利用的需求仍停留在提供生活热水这一较为普通的层面上。

（四）太阳能建筑光热应用国内外进出口对比

产品进出口数量也是衡量一种产业发展和相关技术成熟程度的重要指标。一般认为，一种产品的进口数量大小在一定程度上反映了该国此种产品的国内产量的市场饱和程度，如果进口数量很小，表明本国产量足以满足国内需求，如果进口数量很大，则表明本国产量相对市场需求存在一定空缺；而出口数量大小除了可以反映该国此种产品生产能力大小外，还可以反映该国此种产品技术水平在国际上的地位。另外，某一段时间的进出口量还与该国此类产品的产业政策有关。除国内市场外，太阳热水器也像任何其他产品一样存在着一个国际市场，存在着各国间的交易。

2001年，美国出口太阳能热水器7.8万 m^2，奥地利更是达到了25万 m^2，而中国仅为1.1万 m^2。这充分说明，由于产品检验和认证制度的限制，以及技术含量偏低的影响，中国的太阳能热水器产品对欧洲等发达国家的出口量较小，导致总体出口量偏小。据权威部门统计，中国太阳能热水器产业的年产值达 100 多亿元，年出口量仅 1000 万美元左右，不及总量的 1%。

（五）太阳能建筑光热应用国内外相关企业对比

各国太阳能热利用发展和应用水平不尽相同，因而相关企业的状况也差别很大。

1. 企业数量和技术水平方面

在一些先进国家，如澳大利亚，有太阳能热水器生产厂商 20 多家，技术较为先进，管理正规，生产执行严格的标准，产品寿命担保 12 年，大部分产品寿命都可达到 20 年。这些国家的产品不仅可以牢牢占领本国市场，一些行业领先者如苏拉哈托等品牌在国际市场也有较好的声誉和广泛的销量。而在发展中国家如土耳其，全国范围有 12 个中等厂家和一些小规模制造厂生产太阳能热水器，但由于整体技术水平较低，尽管有国家标准但未能严格执行，因而其产品质量较差，维护成本较高，无形中变成该国进一步发展太阳热利用的障碍。类似的情况同样存在于中国，据不完全统计，目前中国国内有太阳能热水器生产厂商 5000 多家，但年销售额在 500 万元以上的只有 31 家，行业前 10 名的厂家所占整体市场份额仅为 17% 左右，产业集中度太低，真正能达到技术先进、规模经济的还很少。大部分企业普遍存在规模较小、技术水平低、无统一标准、质量和价格参差不齐的现状，部分企业恶性竞争，质量低劣产品寿命甚至只有 3 ~ 5 年。因而整个太阳能热水器行业发展缓慢、市场混乱。但是国内也存在一些太阳热利用市场的先行者，一些大企业，如清华阳光、山东皇明和力诺瑞特等重视科技研发和技术改造，投入大量资金用于生产和企业扩张，并逐步引进国际先进技术，生产满足国际规范和标准的产品，有望成为太阳能热水器的龙头企业。这一发展也符合国家《新能源和可再生能源的产业发展"十五"规划》。

2. 企业服务方面

太阳能热水器作为一种使用周期较长的产品，要想培育完善成熟的市场，不仅仅应该强调质量，更要重视其售后的服务及维护。发达国家成立了较多的太阳热利用服务公司，提供太阳能热水器使用、维护和经营的售后服务和技术支持，在太阳热利用市场上作为一种有力补充，发挥了巨大的作用，促进整个太阳能市场健康发展。例如，美国生产企业与服务企业的比例为 1∶3，能源服务机制应用较为普遍。而在我国，大多数公司仍停留在只注重销售的基本层面，仅有少数正规太阳能热水器企业拥有销售及售后服务网点，生产厂商与服务公司的数量之比接近 4∶1；至于能源服务的概念更是没有得到大多数投资者认可。

（六）太阳能建筑光热应用国内外发展规划对比

可再生能源在全球范围的大力推广和广泛使用为太阳能技术和市场提供了广阔的前景。无论是国内还是国际市场，太阳热利用都存在极大发展的可能。

目前在我国，太阳能热水器在城镇的销量占总销量的比例很大，但从我国国情出发，农村地区拥有巨大的潜在市场。我国 13 亿人口中，75% 生活在农村。伴随着农村经济快速增长，城市化建设的推进，新建农宅和小城镇住宅大量增加，国内现有村镇房屋建筑面积约 175 亿 m^2，在今后的 15 年内将新增 85 亿 m^2，增长率将近 50%。2010 年，如果农村地区太阳能热水器的普及率达到约 20%，则全国农村太阳能热水器的拥有量约达 5000 万台，折合约 1 亿 m^2。

根据原国家经贸委 2000 年颁布的《2000 ~ 2015 年新能源和可再生能源产业发展规划要点》中，对太阳能热水器的具体规划是：到 2015 年全国家庭住宅太阳能热水器普及率达 20% ~ 30%，市场拥有量约 2.32 亿 m^2。形成一批年产 200 万~300 万 m^2 规模，并具有较强产品开发能力的骨干企业。

　　国外市场也有很大的发展前景。目前住宅安装太阳能热水器比率最高的是以色列，80% 的住宅安装了太阳能热水器，其他发达国家太阳能热水器普及率较之中国有很大提高，这为太阳能热水器的进一步推广提供了一定基础。近年来，欧盟对太阳能热水器的市场十分关注，各国也分别制定了相应的实施计划，政策带动了需求的迅速增加。欧洲太阳能协会对 2020 年的市场预测更高达 14 亿 m^2。在发展中国家，太阳能热水器已经逐渐被越来越多的家庭使用和接受。2010 年世界主要国家太阳能热水器保有量约达 2.4 亿 m^2。

　　（七）国内外太阳能建筑光热利用对比研究结论

　　以太阳能建筑热利用的重要产品代表太阳能热水器为研究对象，从总体应用数量、人均占有量、技术形式、应用领域、进出口数量、相关企业及发展规划等七个方面，对国内外各类数据资料进行详尽的对比，可以得出如下几条结论。

　　1）中国的太阳能热水器产业及其所代表的太阳热利用市场较为成熟，数年来保持着世界第一的发展速度，已建成全球最大的市场，技术水平基本与国际市场保持了同步。

　　2）尽管市场非常庞大，但人均占有量和世界其他国家相比属于较低水平，而且分布不太均衡，相关产品产的市场销量仍然存在很大的上升空间。

　　3）因为气候条件的原因，我国在太阳能热水器技术形式上仍将以真空管为主，并且发展潜力巨大。

　　4）热利用技术及产品仍然以普通应用为主，主要应用领域仍是热水提供，在常规技术上拥有自主知识产权，甚至能代表国际先进水平，但高端技术及产品的研发应用距离国际水平尚有一定差距。

　　5）生产企业繁多，存在鱼龙混杂、良莠不齐的现象，有的仍停留在手工作坊的阶段，但也有部分企业已经拥有国际先进水平，达到集团化生产规模，建议国家加大对这一类企业的扶持力度。

　　6）出口量偏小，与成熟的国内市场及庞大的生产能力不相称，应在尽快提高技术的基础上，扩大出口量，进一步带动市场的发展。

　　7）太阳热利用市场仍然是生产企业占据主角，能源服务企业数量很少，服务机制发展缓慢，与国际成熟市场经验相违背，建议尽快鼓励能源服务企业的建立与发展。

二、太阳能建筑光电应用国内外对比

　　（一）太阳能建筑光电应用国内外应用数量对比

　　近年来伴随着可再生能源的推广应用，各国加大对光伏电池的研发和生产，全世界光伏电池总产量以每年超过 30% 的速度增长，2002 年世界光伏电池产量 559.3MW，2003 年更是达到了 762MW，增长速度达到了 36.24%。其中日本和德国是世界光伏电池的两个巨大市场，推动着世界光伏电池的整体需求。

　　在我国光伏电池的研究始于 20 世纪 70 年代，自 80 年代后期，随着几条光伏电池生产线的引进，才开始了真正推广应用。特别是 90 年代以来，一批先进生产线的引进和几家专业厂商的组建，使我国光伏产业逐渐形成。2003 年，我国光伏产业总的生产能力达到了 38MW，实际产量达到了15MW。但总体上说，我国太阳光伏应用技术水平仍然较为落后，生产及应用数量较少，与发达国家相比还存在相当大的差距。

（二）太阳能建筑光电应用国内外技术类别对比

1. 电池品种方面

世界光伏电池可分为多晶硅电池、单晶硅电池、非晶硅电池和其他金属化物电池，其中多晶硅和单晶硅统称为晶硅。在各类产品中，由于晶硅电池研制时间较早，成本较低，性能稳定，光电转换效率高，因而应用较为广泛，在整个世界光伏市场的占有率将近90%。晶硅产品中，多晶硅技术最为成熟，所占市场份额也最高，占全部产量的50%以上，对于整个光伏产业的促进作用很大。我国的光伏电池产业也与世界保持了一致的方向，其中多晶硅占有绝对的比例。2003年，我国光伏电池总的生产能力达到38MW，其中非晶硅电池3MW，晶硅电池35MW；在35MW的晶硅电池中，多晶硅电池为27MW。而2003年，我国光伏电池的实际生产量为15MW，其中晶硅电池13MW，非晶硅电池2MW。

2. 在电池技术性能方面

衡量光伏电池技术性能的一项重要指标是光电转化效率，即对于吸收的光能转换为电能的量的度量标准，一般主要从实验室条件状态下和生产条件状态下两个方面进行考察，前者代表了光伏电池的研究水平，后者代表了光伏电池实际的生产能力。单晶硅电池在研究水平下的光电转化效率，世界是24.7%，我国是20.3%；在生产水平下的光电转化效率，世界是20.1%，我国是14.7%；多晶硅电池在研究水平下的光电转化效率，世界是19.8%，我国是14.5%；在生产水平下的光电转化效率，世界是16.8%，我国是12.5%。我国的技术水平距离世界水平还有一定的差距。

3. 电池成本方面

20世纪90年代末，世界各国由于技术水平不断提高，生产规模迅速扩大，晶硅光伏电池组件也由最早的军用扩展为民用，经过多年的发展，光伏电池制造成本下降了很多，目前世界主要生产商成本已降到2.3~2.5美元/W，发电成本为0.1~0.25美元/（kW·h）。我国光伏电池的制造成本也在不断降低，已由20世纪80年代的65~70元/W降到2003年的26~30美元/W，仍高于世界水平。

（三）太阳能建筑光电应用国内外相关企业对比

因为光伏技术的高端性和非普遍性，世界光伏产品市场相对其他产品来说具有较强的集聚性和垄断性，几家知名大企业的产量就占据了整个市场的绝大多数份额。以2003年统计数据为例，世界光伏电池的产量中，排名前十的公司产量之和就达到615.3MW，占世界总产量的80.75%。其中：日本夏普公司为197.9MW，占世界总产量的25.97%，居第一位；日本京瓷公司为72MW，占9.45%，居第二位；英国BP Solar公司为69.3MW，占9.1%，居第三位。在产量最大的十家公司中，日本就占有四家，足见其太阳光伏产业的发达，其余基本由英德两国瓜分。

根据另外一项统计，世界光伏电池产量前十名的公司中，排名第三的BP Solar所属的BP公司在全球50强能源公司中排名第三，排名第四的Shell Solar所属的Shell公司排名第二，可见世界著名能源公司除了在传统能源业务上保持领先外，在可再生能源尤其是太阳能光伏利用方面也做了巨大的投入。此外，日本的四家公司夏普、京瓷、三菱和三洋也均是世界知名的电气生产商，西班牙 Isofoton 则为欧洲第一大可再生能源生产商。

相比较而言，中国光伏生产厂商在规模上和产量上和世界知名企业相距甚远，同时整个中国的总产量和其他主要国家相比也差距甚远。20 世纪 80 年代末，中国光伏生产企业都是在半导体器件厂基础上引进国外生产线而逐步开始光伏电池的生产，因为没有光伏生产自主知识产权的技术，因而在规模扩大和后期投入上无法实现跨越式发展。进入 90 年代后，一些具有自主研发能力的企业进入高速发展阶段，其中以无锡尚德太阳能电力有限公司最为明显。无锡尚德公司 2002 年底建成一条 10MW 多晶硅电池生产线，2003 年扩大为 25MW。据不完全统计，2004 年中，尚德公司已达到 50MW 的生产规模，达到光伏产量世界排名第八。根据尚德公司计划，2007 年公司总产能将超过 500MW，产量超过 300MW，销售收入超过 100 亿元，名列世界光伏行业第二。

（四）太阳能建筑光电应用国内外发展规划对比

21 世纪初始，许多国家纷纷制定推动光伏技术和工业发展的各项规划。日本通产省（MITI）第二次新能源分委会宣布了光伏、风能和太阳热利用计划，其中光伏发电装机容量在 2010 年达到 5GW；欧盟的可再生能源白皮书及相伴随的"起飞运动"是驱动欧洲光伏发展的里程碑，总目标是 2010 年光伏发电装机容量达到 3GW；美国能源部制定了从 2000 年 1 月 1 日开始的新 5 年国家光伏计划和 2020~2030 年的长期规划，以实现美国能源、环境、社会发展和保持光伏产业世界领先地位的战略目标，2010 年美国光伏发电装机容量约达 4.7GW；澳大利亚 2010 年使光伏发电的装机容量约达 0.75GW；发展中国家多年一直保持在世界光伏组件生产产量的 10% 左右，预计未来 10 年仍会占据 10% 甚至更高的比例，2010 年约达 1.5GW，其中中国光伏发电的装机容量约达到 320MW，比 2000 年的 40MW 翻了三番。

这些规划的实现意味着近 10 年内世界光伏产业将以 28.5% 的平均年增长速度高速发展，2010 年，世界光伏系统累计安装容量将达到 15GW 以上，世界年生产量将达到 3.2GW。但我们也应该清楚地看到，中国 2010 年为 320MW，只占全世界总体规划量 15GW 的 2.13%，从份额上看非常低，与光热利用在世界上的领先地位形成了鲜明的对比。

（五）国内外太阳能建筑光电利用对比研究结论

以太阳能建筑光电利用的重要产品代表光伏电池为研究对象，从总体应用数量、技术类别、相关企业及发展规划等四个方面，对国内外各类数据资料进行详尽的对比，因而在我国太阳能建筑光电利用方面可以得出如下几条结论。

1）中国光电市场从无到有发展较快，但与成熟的国际市场相比，国内市场的容量还是非常小，应用推广程度还是非常落后。

2）中国光电应用技术水平进步较快，但与国际先进水平相比仍有较大差距，并且没有自己的优势产品，很多企业仍是以进口国外生产线的方式进行生产，没有自主的知识产权。

3）光电企业规模、实力及投入力度都不大，难以形成规模效应，在国际市场很难占有一席之地。根据目前国际流行趋势，建议国家鼓励国内大型能源企业（诸如国家电力公司、中石油、中石化、中海油等）介入可再生能源行业特别是太阳能光伏应用行业，以其庞大规模、强大实力带动光伏事业的发展。

4）中国光电发展规划偏于保守，规划中的发展速度及总体数量都远远低于世界水平。必须要制定跨越式发展目标，才有希望赶上世界水平，建议国家相关部门加大对光伏产品研发、应用、推广的投入力度。

（六）国内外太阳能建筑激励机制与政策及利用现状对比研究

太阳能建筑作为一种新型的、符合可持续发展要求的建筑，在目前的发展阶段还存在着造价偏高的问题，这使其与仅利用常规能源的建筑难以形成有效竞争，没有相应的激励机制和政策，是难以被开发商和用户接受的。国内外的发展经验都充分证明了这一点。对国内外太阳能建筑激励机制和政策进行对比研究，可以发现我国太阳能建筑激励机制和政策的不足和潜力，并为我国制定和实施适合我国目前国情的激励机制和政策提供依据。作为一项新产品的激励机制和政策的研究，需要参考对比的内容较为广泛，从对象上讲，包括该事物已有的激励机制和政策，以及针对那些具有类似背景、相似或相关事物的激励机制和政策；从内容上讲，包括针对同一对象的法律政策、技术政策和一些相关的经济规程和标准；从范围上讲，包括国外相关政策、国内相关政策以及一些地方性的政策；从效果上讲，包括已取得一定效果的政策、正在体现效果的政策和被事实证明是失败的政策。

（七）国际太阳能发电产业加速发展的原因

能源安全的需要。国际能源价格不断上涨，预计"高油价时代"将长期持续下去，因而加剧了企业生产成本上升的压力。一些国家的能源主要依赖石油进口，倘若不能开发、使用廉价能源，势必会导致其国际竞争力的下降。这一形势迫使企业加紧探索发展替代能源之路。20世纪70年代以来，日本政府为了解决石油危机和环境污染问题，成立了专门机构以加强可再生能源及新能源技术研发和推广普及工作。如今，日本已发展成世界上新能源使用率最高的国家。目前，日本每1美元GDP所消耗的能源只有美国的37%，是发达国家中最少的。日本东武铁路伊势崎线上有一座不大的卫星城，那里所有房屋都装有太阳能电池板，每户居民除了拥有太阳能发电设施外，还另备有普通电线。在夜里或日照不足的时候，太阳能发电不能充分发挥作用，电力公司可以通过这条备用线供电；相反，阳光强烈，太阳能发电量有节余时，又可以通过它把多余的电能回输给电力公司。

保护环境的需要。根据气候变化相关国际协约，未来对二氧化碳等污染气体排放的限制将日趋严格，有可能逐步形成市场壁垒，对工业产品的出口造成威胁。由此，只有未雨绸缪，大量开发、生产使用无公害清洁能源才能找到出路。根据报告的统计数字，2006年，德国由于EEG的限制，二氧化碳排放量减少4500万t，比2005年多800万t。由于可再生能源的使用，德国在2006年的二氧化碳总排放量减少了1亿t。

成本逐渐下降。国际上的光伏产品品种多，质量参差不齐。但是都有首次投入大，短时间内无法体现产品经济利益的缺点，特别是太阳能电池板和蓄电池的单瓦成本造价太大，导致了总成本也相对较高，制约了太阳能照明产品的发展，是太阳能光伏无法普及的根本原因。随着材料和制造技术的提高，太阳能发电生产成本将会大幅下降，20世纪70年代太阳能发电的生产成本高达60~70美元/（kW·h），进入2000年已降至3美元/（kW·h），这为太阳能发电产业的普及、发展创造了有利条件。

第五节　国外建筑太阳能利用现状

为了推动太阳能产业的发展，发达国家的太阳能开发与利用绝大部分依托国家行政支持。在世界太阳能利用水平高的国家和地区，由于当地政府积极采取了众多鼓励措施，刺激了市场的需求，带动了产业的发展。

一、德国

德国全年雨水不断，有 2/3 的时间里天空会被云层所覆盖，但经过努力，德国仍然成为世界领先的太阳能大国。德国是世界上最早和最积极倡导光伏应用的国家之一，德国政府早在 1990 年就率先推出了"1000 太阳能屋顶计划"。到 1997 年德国已累计完成近万套光伏屋顶系统的安装，每套容量为 1~5kW，累计容量为 33MW。德国的光伏扶持政策包括对传统能源开征环境税、投资补贴等。《可再生能源法案》（EEG）是德国引领世界太阳能发电产业的一个重要原因。EEG 的核心是"费用返回"机制：任何利用太阳光电系统、风力或者水力发电的人可从当地电力公司获得有保证的费用偿还。电力公司被责成以 49 欧分/（kW·h）的价格购买太阳能所产生的电力，这一价格大约是常规电力市场价格的 4 倍。根据 EEG，电力公司必须为源自可再生能源的电力付费，其付出的费用同常规电力市场价格之间的差价将通过电力账单返还给消费者。比起把钱存在银行，这能获得更好的回报。因此，尽管是多云的天气，但对太阳能光电系统的投资在 10 年内就能收回。而根据 EEG，"费用返还"机制对现有的所有太阳能光电系统应用者而言，其费用返还保证期均为 20 年。该法案规定，电力公司要以一个固定的价格从太阳能发电厂购买电能 20 年。这一被称为"强制光伏上网电价"的政策已经为太阳能发电技术的推广打造了一个市场，此外，在东德地区投资的公司还享有政府的各种鼓励政策，例如被称为"Silicon Saxony"的地区，该地区汇聚了很多太阳能发电和半导体公司。德国为了提高太阳能等可再生能源的综合利用，将设立 6000 万欧元的联邦研究基金。目前，德国拥有的光电系统超过 30 万套，而 EEG 的计划是 10 万套；可再生能源产业领域可提供 25 万个工作岗位。据预计，仅仅太阳能产业一个领域的工作岗位在未来 5 年内就将翻番，达到 9 万个，到 2020 年将达 20 万个。德国联邦环境部长西格马·加百利说，对气候保护、能源供应和创造就业而言，EEG 已是一个巨大的成功。在这部法律的指引下，德国制造者们已经成为可再生能源这一重要领域的全球领先者。从宏观经济范围看，由 EEG 带来的利益已经超过其成本。EEG 也已经成为西班牙、葡萄牙、希腊、法国和意大利等其他国家效仿的榜样。

二、美国

美国能源部部长塞缪尔·博德曼于 2007 年 6 月 20 日在纽约宣布，能源部将在今后几年内增加最多达 6000 万美元的投资，用于推进太阳能技术的研究和应用。根据一项为期 2 年的"阳光美国城市"计划，美国能源部将投资 250 万美元资助纽约、旧金山、盐湖城等 13 个电力需求较高的大城市应用太阳能技术，帮助这些城市将太阳能纳入城市能源规划、建造太阳能设施等，目的是促进当地企业和居民采用太阳能技术，刺激市场对太阳能需求的增长。美国各州总共约有三四百个光伏相关发展刺激计划，包括对光伏能源的使用者实行购买和安装补贴的政策，光伏能源的生产和安装企业享有减免税收的优惠。部分州的补贴标准甚至高达 6 美元/W，占总成本的 75% 左右。能源部 3 年里投资 3000 万美元鼓励高等院校加强对太阳能产品的研究，以降低成本、增加产量、提高光伏发电效率，在短期内使太阳能产品的性能获得提升。另外，能源部还将在 18 个月内投入 2700 万美元，协助一些企业进行光伏模块的开发；加上工业界的投资，相关光伏模块孵化项目将总共得到约 7100 万美元的研究资金。美国的《能源政策法》规定，企业用于太阳能和地热发电的投资可永久享受抵税 10% 的优惠。

三、法国

为鼓励开发可再生能源，从 2005 年 1 月 1 日开始，法国政府对使用可再生能源的能源生产设备实施税收抵免 40% 的政策，并在 2006 年将抵免幅度进一步提高到 50%。与此同时，国家还制定了一系列的扶持计划，其中包括国家电力公司和其他电力供应公司不得拒绝收购企业利用可再生能源所生产的电力，并且 2010 年全国可再生能源生产约占全国能源生产 10%。

四、印度

印度政府主要是通过非常能源部（MINES）和可再生能源开发署（IREDA）在全国实施可再生能源技术的开发与推广工作。这两个部门不仅提供技术，还提供财政方面的支持。印度非常规能源部下属的可再生能源开发署（IREDA）已设立了专项周转基金，通过软贷款形式资助商业性项目。目前，印度已经从世界银行、全球环境基金会、德国开发银行和丹麦工业银行等多边和双边机构得到大量信贷援助。除印度农村电力公司（REC）和电力金融公司（PFC）等电力信贷公司之外，其他一些金融机构如印度工业开发银行（IDBI）和印度工业信贷与股份有限公司（ICICI）等也为风力发电项目提供财政支持。印度政府还制定了一系列刺激性政策，例如，非常规能源开发项目可减免货物税、关税、销售税及附加税，享受免税期、软贷款和设备加速折旧待遇，减少外资办理手续等。印度政府将不断检查和调整所得税、进口税和货物税，以促进良性竞争，推动先进技术的引进、开发和应用。1994~1996 年，大批印度私营企业和机构转向投资可再生能源发电产业，主要是由于印度中央政府和联邦政府为促进风力发电颁布了一系列金融和财经方面的政策和刺激性措施。印度可再生能源开发署（IREDA）也实行了自由信贷机制，从而使印度这一时期的风力发电有了飞速发展。

第六节　国外相关激励机制和政策

一、美国

美国是世界上能源消耗最大的国家，为了鼓励使用太阳能等可再生能源，美国制定和实施了一系列的激励机制和政策。1978 年的能源税法规定从 1978 年到 1985 年 12 月，民用节能投资和可再生能源投资的税收优惠是 15%（最多不超过 300 美元），其中包括保温、挡雨门窗、密封条和采暖炉的改进技术。1992 年的能源政策法规定对太阳能和地热能项目永久减税 10%；对风能和生物质能发电实行为期 10 年的产品减税，每 1kW·h 减少 1.5 美分（根据当时物价水平确定）；对于符合条件的新的可再生能源及发电系统（1993 年 10 月 1 日至 2003 年 12 月 30 日之间开始运行的），并属于州政府和市政府所有的电力公司和其他非盈利的电力公司也给予为期 10 年的减税，减税额为 1.5 美分/（kW·h）。此外，国会先后通过了《太阳能供暖降温房屋的建筑条例》和《节约能源房屋建筑法规》等鼓励新能源利用的法律文件。在经济上也采取有效措施，不仅在太阳能利用研究方面投入大量经费，而且由国会通过一项对太阳能系统买主减税的优惠办法。因此，美国太阳能建筑的发展极为迅速，无论是对太阳能建筑的研究、设计优化，还是材料、房屋部件结构的产品开发、应用，以及真正形成商业运作的房地产开发，美国均处于世界领先地位，并在国内形成了完整的太阳能建筑产业化体系。早在1978年，美国就颁布了《公共事业管理政策法》（PUREA），要求电力公司按可避免成本购买可再生能源电力。1992年颁布的《能源政策法》（EPACT），要求到2000年可再生能源供应量比1988年增加75%，对可再生能源开发给予投资税额减免。针对可再生能源的利用，目前已有纽约州等11个州提出了对购买和安装可再生能源设备者减免个人收入税的决定；有12个州对集体所拥有的可再生能源设备给予企业所得税减免；有11个州对可再生能源设备的制造、安装和运行所需材料、设备的销售税予以抵扣。

美国"百万太阳能屋顶计划"是规模最大、涉及部分最多、正在逐步实现的项目计划。该计划是1997年6月克林顿总统对国会所作的关于环境和发展的报告中提出的，是美国面向21世纪的一项由政府倡导、发展的中长期计划。目前，光伏发电比常规发电的成本高，如果没有价格上的优惠政策，将极大影响用户对光伏系统应用的积极性，上述计划和项目也难以实现。因此，美国政府制定了一系列配套政策，以鼓励用户积极采用光伏系统，收到了良好效果。例如，为住宅用太阳能系统提出了新的税收信贷，对屋顶系统提供额外的优惠。如在洛杉矶的政府节能计划中，鼓励每家每户使用太阳能，有关的设备投资，政府可承担一部分。加州电力公司则是以抵消电费来鼓励家家户户去用太阳能发电。另外，美国实施的能源投资减税制度，利用太阳能可享受投资额15%的税收优惠，再加上一般的投资减税10%，最多可减税25%。萨克拉门托市政公用公司（SMUD）1993年开始在其辖区内推出"光伏先驱"项目，在100户自愿者屋顶上安装并网光伏系统，实行"绿色电价"，以后每年发展100户。该项目得到用户的热烈响应，每年有500～1000户报名参加。此外，政府的公用事业改造计划中还提出：将建立系统保险金，以扩大可再生能源发电；制定可再生能源保险业务标准，确定可再生能源发电的最低标准，确立网上计量及标准化互连。如今太阳能电池的价格只有20世纪80年代的1/3。不但在应用规模上不断扩大，而且在太阳能电池板与建筑环境有机融合、太阳能利用与建筑一体化设计方面做得很成功。美国的光伏—建筑一体化是政府利用融资杠杆，寻求多方合作，联系社会、人口、经济、资源、环境的一项长期系统工程。多年实践证明，光伏—建筑一体化项目的实施，不仅达到了创造舒适的建筑环境、降低建筑物能耗、减少温室气体排放的目的，而且扩展了能源选择、创造了大量新的就业机会，并促进相关产业的发展，使美国的太阳能产品在世界上更具竞争力，给美国带来相当可观的环境和经济效益。

二、日本

日本的可再生能源政策核心集中在国家和私人企业共同研究开发项目，开发的重点是太阳能电池和风能。日本1994年开始实施"朝日七年计划"，到2000年安装16.2万套联网屋顶光伏系统，光伏组件总安装容量185MW。1997年之前推行"万户屋顶"计划，通过对电力消耗征收附加税的方式筹资，对所有装备太阳能装备的家庭，予以相当于设备成本1/3的津贴，同时电力部门承诺以市场价格回购太阳能装置生产的超出家庭消耗需求的电。1997年又再次宣布实施"7万太阳屋顶计划"，光伏组件总安装容量280MW。2000年，政府对1～10kW和1～4kW光伏系统的补贴分别为2505美元和1670美元。2000年近19 000户家庭安装了光伏系统，其安装总数从1994年计起已达51 899户家庭。1999年，日本的光伏装置容量为205MW，2010年，其装置容量约达50亿W。

日本政府曾提出"新阳光计划"将发展太阳能光伏发电作为国策，计划期间要推进万户家庭住宅屋顶装备太阳能设备，为此国家的财政投入从 1994 年的 2000 万美元增加到 1.47 亿美元。1997 年通过的新能源法，重点集中在技术发展方面，2010 年使日本可再生能源约占全部能耗的 3.1%。计划的主要政策手段是，政府动员各大能源供应商积极购买通过可再生能源方式生产的电力。电力公司要对用可再生能源设备生产的电力支付零售电价。购电合同期为 15 年，合同期内购电价水平依市场电价随时调整。计划还有一个重要的目标是发展大规模生产太阳能电池能力，这也是日本制造业能够在 1997 年就实现出口 35MW 太阳能电池装置的主要原因。

为了加快建筑物中可再生能源的推广应用，1947 年 7 月，日本制订了第一个新能源技术开发的长期规划——"阳光计划"，主要用于研究开发太阳能、地热能、氢能和风力发电等新能源。1980 年 5 月，又通过了旨在"减轻日本经济对石油依存度，促进国民经济稳步发展和人居生活安定"的《促进石油替代能源开发和利用法》，其中增添了太阳能、新燃料油、生物能和海洋能等替代石油的新能源利用技术的开发。为了确保石油替代能源战略的顺利进行，日本于 1980 年开始征收电力开发税和石油税，将税收收入用于新能源技术的开发利用。1997 年 6 月，日本制定了《新能源利用促进特别措施法》，规定政府、能源使用者、能源供给者及地方公共团体对新能源的发展利用应尽的责任和义务，并由政府在财政、融资等方面提供一系列优惠政策。

2014 年 3 月，日本政府下调 FIT 补贴费率。就商业发电项目（装机量大于 10kW）而言，补贴费率从每千瓦时 36 日元（0.35 美元）下降至 32 日元。此外，针对住宅系统的补贴费率，从每千瓦时 38 日元下降至 37 日元，反映出太阳能电池板的价格正持续下滑，但日本光伏市场仍保持高速的增长态势。

三、欧盟

太阳房在欧洲等地也有很大的发展。欧洲已实行了《在建筑和城市规划中应用太阳能》的欧洲宪章，对城市、建筑环境、建筑材料及建设方式、建筑的使用等方面利用太阳能做了具体的规定，对规划师、建筑师提出了明确的要求。在欧洲许多国家，太阳能装置市场仍然持续增长，在德国、芬兰、奥地利等国家安装太阳能装置可获得 25%~35% 的补贴。在过去的 20 年，欧洲各国积极推动了太阳能技术的发展。所有欧盟成员国都建立了支持欧洲太阳能工业发展的投资计划。按照 1994 年 6 月可再生能源的马德里会议宣言，欧洲又制定了"可再生能源活动计划"，确定了到 2020 年在欧洲联盟中要以可再生能源替代常规能源需求总额的 20% 的总目标。欧盟能源委员会不仅提出这两个阶段性目标，还将总目标分解到每一年，对每年所要达到的目标作出具体规定，甚至根据不同国家经济发展状况及能源资源分布提出了针对各国的可再生能源每年发展目标，所有目标的累积正好可以保证总目标的实现。欧洲于 1997 年左右也宣布了百万屋顶计划，于 2010 年完成。鉴于欧盟各国都在不同程度上着手开展本国的太阳能热利用产品认证工作，2000 年欧洲标准化委员会（CEN）决定，在欧盟范围内实施太阳能热利用产品统一认证，命名为"SOLAR KEYMARK"（项目编号：AL/2000/144）。

欧盟的能源结构强制可再生能源要达到 20%。2009 年 4 月，欧盟更规定了各成员国各自的目标。2010 年 3 月，欧洲 2020 年计划将气候控制目标整合到具有约束力的 20% 的可再生能源目标中，同时也改善了促进可再生能源电力发展的法律框架，并要求制定可再生能源开发的国家级行动计划。

四、英国

英国是通过一种称为"非化石燃料义务"的政策手段，来促进可再生能源发展。在"非化石燃料义务"政策框架内，电力供应商必须购买一定量的非化石能源电力。如非化石能源生产的电力成本高于化石原料电力就从向煤电征收的税款（1995～1996 年度税收 1.6 亿美元）中拨付补助金。政府通过向所有的电力征收税收来支持一切利用非化石燃料发电的企业，这类企业要取得政府资金支持，需要风力协会、小水电协会参加竞争，取得有关协会的技术认证。竞争投标获胜者可以获得为期 15 年的长期供电合同。这种竞争投标定期举行，到 1999 年共有 5 轮。最近一轮竞标将促进在今后 20 年增加 1000MW 的可再生能源装机容量。

目前，英国房地产商在出售房屋时要缴纳印花税，税率按房屋售价确定。售价在 6 万英镑以下，则税率为零；售价在 6 万～25 万英镑，则税率为 1%；售价在 25 万～50 万英镑，则税率为 2.5%；售价在 50 万英镑以上，则税率为 3.5%。对于建筑房屋所用隔离层和三层玻璃等材料，英国房地产商要缴纳 17.5% 的增值税。英国的住房人要缴纳住房财产税。政府将应税房屋价值按地区不同划分为 A—H8 个级别，并规定了各个级别应纳税额的法定比例。如在英格兰，价值高于 32 万英镑的住宅属 H 级，其适用税率为 2%，需纳税 6400 英镑。为了促进可持续发展战略的实施，英国政府将主要通过税收优惠政策，鼓励居民在今后 10 年内建设 100 万栋"绿色住宅"。"绿色住宅"计划鼓励居民采用环保技术建造或装修房屋，建设有益于环境保护的新型住宅。这种新型住宅将采用太阳能电池板、洗澡用水的循环使用处理装置、三层玻璃窗户和隔离层、有利于环境保护的无污染涂料等。凡是采用这些方法建造"绿色住宅"，建筑商将享受减免印花税、减免隔离层和三层玻璃材料的增值税等优惠政策，而以传统方式新建住宅则不享受这些优惠。根据"绿色住宅"计划，自建和装修房屋的英国人也可以享受税收优惠。

五、德国

德国是世界上利用太阳能发电最多的国家，全国太阳能发电量相当于一个大城市的用电量。截至 2005 年年底，德国共有 670 万 m^2 的屋顶铺设了太阳能集热器，每年可生产 4700MW·h 的热量，已有 4% 的德国家庭利用了清洁环保的太阳能，估计每年可节约 2.7 亿 L 取暖用燃油。此外，德国将加快今后电价的下降速度，规定：根据光伏系统容量大小，100kWp 以下系统 2009 年的下降幅度为 8%，100kWp 及以上系统 2009 年的下降幅度为 10%，至 2011 年的年降幅均为 9%。法律条款和经济政策对于光伏发电的发展起到了关键性的作用，德国 10 万光伏屋顶计划是一个很好的例子，项目自 1999 年开始实施，2000 年颁布可再生能源法，2003 年结束。2001 年光伏发电的安装量即为 2000 年的 230%。

1. 2000 年颁布的可再生能源法关于光伏的主要内容

电网公司有义务收购可再生能源所发的电，并支付上网补偿电价；在固定的时间范围内，享受固定的上网电价（20 年）；新建光伏发电的上网电价每年递减 5%；2000 年 4 月颁布实施；成本均摊，高于常规电价的部分由全国 2 个电力公司均摊；光伏最初的上网电价是 50.6 欧分/(kW·h)，2003 年下降到 45.7 欧分/(kW·h)。

有了这样的法律，安装光伏发电的用户可以通过销售绿色电力获得收益，银行的贷款可以如数回收，光伏生产厂家通过销售太阳电池赚钱，政府达到了推行清洁能源的目的，电力公司通过销售绿电购买绿电，经济上不亏损（取之于民用之于民），还完成了减排义务，政府通过媒体的广泛宣传，那些自愿购买绿色电力的人知道自己是为保护环境和能源的可持续发展在做贡献。结果是多方共赢的局面。与"可再生能源法"配套的还有银行贴息贷款政策和自愿认购绿电的政策。所谓"购买绿电"政策是指由国民自愿购买绿色电力，绿色电力价格比常规电力［依地区不同 5~10 欧分/（kW·h）］高 2~3 欧分/（kW·h），电力公司将销售绿电的收益用于购买高价绿色电力。

2. 德国开发银行（KFW）对于安装光伏系统的贷款支持

国家补贴的长期低息贷款；贷款期分别为 10、12、15、20 年甚至 30 年，前 2~3 年或 5 年不用偿还；固定利率至少 10 年不变；允许与其他带有补贴性质的项目相结合（但贷款额不能超过总投资额）。

德国还有其他有补贴性质的项目，仅以德国开发银行（KFW）的几个项目为例。

1）KFW10 万屋顶计划。

2）PV 与建筑相结合；贷款利率：1.9%，大多数 1999~2003 年可以完全偿还；完成 345MW 容量的光伏系统（大部分为私人住宅）。

3）KFWCO_2 减排项目。

4）PV 安装在居民住宅上；贷款利率：2.7%~4.2%；贷款允许 100% 投资额度。

5）KFW 环境保护项目。

6）PV 安装在非居民住宅（商业或工业建筑）；贷款利率：4.4%~4.9%；贷款额度为投资额的 75%，与其他环保或节能项目结合，也可以拿到 100%。

3. 10 万光伏屋顶计划

德国的 10 万屋顶计划取得了成功，主要表现在：10 万屋顶计划得到顺利实施；光伏系统安装数量超过预期的 300MW，实际安装 345MW；利用价格调整，促使光伏真正按照市场规律进行推广；绿电收入购买高价绿电；银行贷款已经全部收回；提供了数以千计的可再生能源就业机会；光伏系统价格从 1999 年到 2000 年下降了 8%，而且在此后数年中持续下降。德国政府在欧洲百万屋顶的框架下于 1998 年 10 月提出了一个光伏工业 20 年来最庞大的计划——在 6 年内安装 10 万套光伏屋顶系统，总容量在 300~500MW，每个屋顶约 3~5kW，总费用约 9.18 亿马克。该计划提供 10 年无息信贷，政府提供投资额 37.5% 的补贴。此外，德国太阳能热水器市场比较大，已经开始对太阳能热水器产品进行认证，主要由 DINCERTCO（简称 DIN）来负责实施。

六、荷兰

荷兰政府的政策是对家用太阳能热水器系统，按得热量分类进行补贴：年得热量在 2~3GJ 的系统，每户可从政府得到 455 欧元的补贴；年得热量超过 3GJ 的系统，可得补贴 700 欧元。对大规模使用的太阳能热水器系统，每平方米补贴 135 欧元。荷兰也要求所有系统必须通过国家检测中心的检测才能得到补贴，认证制度正式实施后，补贴政策将直接与产品认证挂钩。荷兰在 2002 年上半年开始试点，对工厂批量制造的太阳能热水系统（器）产品进行认证，由能源性能市场开发基金会（EPK）负责，目前已有三种产品获得了认证证书，认证费用比较高，每种产品需向认证机构第一次支付 25 000 欧元，以后每年支付约 12 000 欧元（根据销售量而有所变化）。该项制度已于 2003 年全面正式实施。

目前世界上装机容量最大的太阳能发电居住区坐落于荷兰阿姆斯特丹市，有 6000 栋单元式住宅组成，可居住 10 多万人口，用了 6 年多时间建成，太阳能光伏发电能力 1.3MW。该项目发电部分由负责当地供电的荷兰第四大能源输送公司（RENU）负责实施，太阳能发电与当地电网并网。该项目作为荷兰政府的一个实验项目，在技术上、社会效果、与居民的产权关系、利益等方面进行了有益的探索。主要有以下几种模式。

第一种是为低收入者提供的住房。对于屋顶安装了太阳能发电的住户来说，屋顶的所有权与使用权归 RENU 能源公司所有，住户在买房时不买屋顶，从而使得房价相对便宜并且不负责维修。由 RENU 公司投资建设的屋顶 PV 光电设备，其中发电量的 20% 属于屋顶下的住户。每户家里都装有两块电表，一个是住户从电网上购买的电，另一个是住户屋顶 PV 系统发出并卖给网上的电，其中 20% 的收入归住户所得。两个电价是一样的。这一小区域的政策首先是通过电力能源公司与开发商签订大协定，然后开发商再与住户签订协议，明确双方的产权、使用权和收益，协议双方完全自愿。绝大多数住户都十分愿意签订这样的合同，并引以为豪。

第二种是居民自己拥有屋顶的所有权和使用权，并投资购买太阳能光伏设备，其中政府补助投资发电部分的 75%。住宅用能达到零能耗，通常称为"零排放"，即住户用的电与屋顶发的电基本持平。这样的住宅有 500 栋，包括学校、托儿所等公共建筑。

第三种是能源公司拥有全部的屋顶，但投资分别由政府（包括欧盟、荷兰政府、电力能源供应公司）提供 75% 的资金，另外 25% 由房屋开发商投资，这一部分由开发商从提高租金中返还。由于目前太阳能光伏系统采用的单晶硅或多晶硅光电板，光电转换效率为 12%，发电的实际成本约 1.25 荷兰盾/（kW·h）（约折合人民币 4.20 元），而常规的电价仅为 0.40 荷兰盾/（kW·h）（约折合人民币 1.40 元），所以目前还没有赢利。但前景十分看好，一是荷兰政府制定了鼓励新能源的经济政策，对发展新能源的研究开发与工程投资可从常规能源价格内的生态税［0.15 荷兰盾/（kW·h）］中支付；二是对于常规能源来说，对高峰用电峰值需要投资 7.5 荷兰盾/峰瓦，而发展太阳能新能源，能够大大降低高峰用电投资。

七、其他国家

（一）希腊

希腊的太阳能热水器年产量为 20 万 m^2，其中出口欧洲其他国家约 10 万 m^2，国内销售 10 万 m^2。标准配置为 200L/户，相应的集热面积为 3m^2，价格约为 2000 美元，包括安装的人工、材料费以及售后服务费等。在 20 世纪 80 年代中期和 90 年代初期，希腊分别设立了两个国家项目支持太阳能热水器产业发展，当时的优惠政策是提供投资额 25%~30% 的补贴。目前，希腊主要实施税收优惠政策，即太阳能热水器产品销售税（15% 左右）的 70% 可以从家庭所得税中扣除。希腊政府希望能够积极参与欧盟的太阳能热水器项目，并通过欧盟对本国太阳能热水器产品提供 15% 的补贴。在希腊，所有产品也要求通过国家检测中心的检测才能在市场上销售。太阳能热水器产品热性能和耐久可靠性在本国 DEMOKRITOS 实验室进行检测，电气安全性能由本国标准机构 ELOT 下属实验室检测。

（二）葡萄牙

葡萄牙政府通过补贴和税收减免两种措施来鼓励使用太阳能热水器。对公共机构采用太阳能热水器系统的，给予投资额 20%~40% 的补贴；对家庭用户，实行税收减免，即太阳能热水器系统总投资的 30%（约 700 欧元）可从个人所得税中扣除。从 2001 年开始，政府也要求所有产品必须通过检测认证之后才能得到补贴。葡萄牙太阳能产品认证工作由 CERTIF 负责，产品包括太阳集热器和工厂批量制造的太阳能热水系统（器）。集热器和热水系统热性能试验与耐久可靠性能试验都要求由 INETI 进行。

（三）澳大利亚

澳大利亚于 1997 年用立法的形式颁布了强制性可再生能源的目标。根据这一法令，澳大利亚电力零售商和配电公司 2010 年必须从可再生能源获得 20% 额外的电力，即从 1997 年 160 000GW·h 总电力中的 10%（16 000GW·h）为可再生能源电力，提高到 2010 年 2125GW·h 总电力中的 12%（25 500GW·h）为可再生能源。在目标具体实施上，澳大利亚引入了可再生能源绿色证书系统。澳大利亚确定的可再生能源为：太阳能、小型水电、风能、海洋能等。合格的可再生能源厂商每生产 1MW·h 的电量就得到一份绿色证书。电力零售商和配电公司可通过与可再生能源厂商签订合同获得绿色证书，也可从个别当事人处协商购得绿色证书，证书可以在市场上交易。每年年末，应履行义务的电力批发商和零售商都要向管理者提供足够规定配额量的绿色证书已证实自己完成了规定的义务。对未完成规定配额量的责任人处以罚款，处罚标准定在 40 澳元/（MW·h）同时规定，如果在以后三个季度内弥补了以前应完成的配额，则可退回罚金。预计到 2010 年，该政策的实施将使电力的平均价格提高 1.2% ~ 2.5%。

八、中国

我国大规模开发新能源和可再生能源始于 20 世纪 70 年代，经过两次世界能源危机的警示，针对我国经济发展出现的能源供应紧张，特别是农村能源短缺（半数农民每年缺柴 3 ~ 6 个月）、热效率低下（只有 9%）和大气污染、生态恶化等问题，国务院提出了"因地制宜、多能互补、综合利用、讲求效益"的十六字方针，有力地推动了可再生能源的开发利用工作。

（一）推动可再生能源发展的法律法规综述

与可再生能源直接有关的法律法规主要有下述几类。

1）电力法（1995-12-28 颁布，1996-04-01 施行），其中关于可再生能源的内容表述为：国家鼓励和支持可再生能源和清洁能源发电；电力生产企业要求并网运行，电力经营企业应当接受。

2）节约能源法（1997-11-01 颁布，1998-01-01 施行），其中关于可再生能源的内容表述为：国务院和省级政府应当安排用于支持能源合理利用及新能源和可再生能源开发的资金；各级政府应当加强农村能源建设，开发利用沼气、太阳能、风能、水能、地热等新能源和可再生能源。

3）森林法（1984-09-12 颁布施行），其中关于可再生能源的内容表述为：森林包括以生产燃料为主要目的的薪炭林。

4）水法（1988-01-02 颁布施行），其中关于可再生能源的内容表述为：鼓励开发利用水能资源；建设水电站，应当保护生态环境，兼顾防洪、供水、灌溉、航运、渔业等方面的需要。

5）大气污染防治法（1987-09-05 颁布，1995-08-29 和 2000-04-29 修订，2000-09-01 施行），其中关于可再生能源的内容表述为：实行总量控制；实行大气污染物排放征收排污费制度；推广清洁能源的生产和使用。

6）水污染防治法（1984-05-11 颁布，1996-05-15 修订），其中关于可再生能源的内容主要是与水电工程、火电厂含热废水排放、地热利用、大中型沼气工程等有关。

7）环境噪声污染防治法（1996-10-29 颁布，1997-02-01 施行），其中关于可再生能源的内容主要是与风电场建设等有关。

8）原电力部"并网风力发电的管理规定"（1994 年），其中关于可再生能源的内容表述为：规定电网管理部门应允许风电场就近上网，并收购全部上网电量，上网电价按发电成本加还本付息、合理利润的原则确定，高出电网平价电价部分，其价差采取均摊方式，由全网共同负担，电力公司统一收购处理。

9）国务院批转国家计委、科技部"关于进一步支持可再生能源发展有关问题的通知"（1999 年），其中关于可再生能源的内容表述为：3000kW 以上的可再生能源发电项目，银行贷款给予 2% 的财政贴息；确认 1994 年原电力部制定的"并网风力发电的管理规定"中关于风电场电价的规定，并将这一政策的适用范围扩大到所有可再生能源。

10）国务院批准发布的"当前国家重点鼓励发展的产业、产品和技术目录"（2000-07-27 发布，2000-09-01 施行），其中关于可再生能源的内容表述为：太阳能、地热、海洋能、生物质能及风力发电；秸秆分解利用新技术及关键设备制造，城市垃圾处理技术开发及设备制造。

11）国务院批准发布的"中西部地区外商投资优势产业目录"（2000-06-23 发布），其中关于可再生能源的内容表述为：水电、风力和太阳能发电建设及经营，利用外资项目，进口的自用设备免征关税和进口环节增值税，减按 15% 税率征收企业所得税。

12）国务院《新能源与可再生能源产业发展"十五"规划》（2001-10 发布），其中关于可再生能源的内容表述为：明确提出太阳能光热利用是发展的重点之一；应坚持以市场为导向，以企业为主体，以技术进步为支撑，加强宏观引导，培育和规范市场，推动和促进太阳能热水器产业迈上一个新台阶。

（二）推动建筑领域开发可再生能源规定的综述

建筑领域是能源消费的大户，是节约能源工作的重要方面。为在建筑领域贯彻节约能源的方针，建设部制订了一系列规定。

1）于 1986 年制订了《民用建筑节能设计标准（采暖居住建筑部分）》。

2）1995 年制订了《建筑节能"九五"计划和 2010 年规划》，其中提出的根据当地条件可以推广的建筑节能技术中，包括有太阳能热水器和太阳能建筑技术，并具体提出要"在村镇中推广太阳能建筑，到 2000 年累计建成 1000 万 m^2 至 2010 年累计建成 5000 万 m^2。"

3）1996 年印发了《建筑节能技术政策》提出，"在太阳能资源丰富的地区积极推广太阳能利用"。

4）1997 年建设部制定了《中国"住宅阳光计划"纲要（草稿）》指出，推广太阳能热利用技术在住宅建筑中的应用，可以替代和节约常规能源，实现可持续发展。为尽快提高太阳能在建筑上的应用水平，建设部积极筹备，希望通过制定"中国住宅阳光计划"来推动太阳能在住宅建筑中的应用。实施该计划的指导思想是：认真贯彻"因地制宜、多能互补、综合利用、讲求效益"的新能源发展方针，以住宅建筑市场为导向，以太阳能产业为依托，发挥政府行政部门的推动作用，组织跨部门跨行业的联合、大力协同，共同促进太阳能热利用技术与设备在住宅建筑中的应用，最大限度地替代常规能源的消耗，减少环境污染，改善和提高人们的居住功能与生活水平。该计划的重点与优先领域包括：广泛推广应用太阳能热水器，为广大居民提供生活用热水；大力开发推广太阳能热水与建筑地板采暖方式与技术；因地制宜，积极推动综合太阳房技术的应用；积极开发通过太阳能与建筑相结合，开展地下空间采光等方面的应用。

5）1997 年印发了《1996～2000 年建筑技术政策》，在《中国节能技术政策大纲》中提出：要"开发利用太阳能、风能、地热能、潮汐能、海洋能、生物质能等新能源和可再生能源，并积极支持科学研究，推进产业化，替代补充常规能源"；同时在"重视建筑节能"和"加强城乡民用能源管理"等节中进行了详述。

6）2000 年印发了《民用建筑节能管理规定》，提出把"太阳能、地热等可再生能源应用技术及设备"和"空调制冷节能技术与产品"，列为"国家鼓励发展的建筑节能技术（产品）"。

7）2002 年以建科（2002）175 号文印发了《建设部建筑节能"十五"计划纲要》，明确提出了全面执行《民用建筑节能管理规定》的 50% 设计标准，研究开发利用太阳能、地热能、地下水、河水、湖水、海水等可再生能源的建筑应用关键技术与设备，继续研究推广太阳能建筑，到 2005 年累计建成太阳能建筑 5000 万 m^2。通过太阳能热水器利用技术与建筑一体化的研究，在太阳能资源较丰富的地区，大力推广应用太阳能热水器，到 2005 年太阳能热水器集热板使用面积达到 6000 万 m^2，太阳能热水器使用率占城市家庭的 10%～12%。利用太阳能发电、采暖与空调的建筑以及利用地下能源等可再生能源的建筑面积达到 2000 万 m^2 的目标。最终实现建设部所提出的《人居环境健康标准》。

8）为贯彻国家有关建筑节能的法律法规和方针政策，推进建筑节能工作，提高既有公共建筑的能源利用效率，减少温室气体排放，改善室内环境，2009 年发布并开始实施了《公共建筑节能改造技术规范》（JGJ 176—2009）。其主要技术内容包括：① 总则；② 术语；③ 节能诊断；④ 节能改造判定原则与方法；⑤ 外围护结构热工性能改造；⑥ 采暖通风空调及生活热水供应系统改造；⑦ 供配电与照明系统改造；⑧ 监测与控制系统改造；⑨ 可再生能源利用；⑩ 节能改造综合评估。

（三）推动可再生能源发展的技术政策综述

科技部（2001）在《科技型中小企业技术创新基金若干重点项目指南》中对于可再生能源技术及产品明确"重点支持：① 太阳能热管技术产品；② 太阳能冷管技术产品；③ 太阳能空调系统。"

国家经贸委（2001）1020 号文件，在《新能源和可再生能源产业发展"十五"规划》中明确提出发展重点：太阳能光热利用重点发展热管型平板集热器、内置金属流道的玻璃真空集热管、真空管闷晒热水器以及太阳热水系统的应用软件和硬件，研究和开发太阳能热利用、采暖、空调等与建筑一体化技术。国家经贸委（2002）880 号文件在《关于组织实施资源节约与环境保护重大示范工程的通知》中对于可再生能源的开发利用项目明确为"以太阳能热电利用、采暖、空调等与建筑一体化为主要内容的太阳能光热利用技术"。技术政策的支持主要是中央和地方政府给从事可再生能源技术研究开发、示范和推广的机构提供行政事业费和科研经费，也包括为一些具有推广前景和市场潜力的技术进行发展规划、科技立项、试点示范。例如，新疆维吾尔自治区、青海省和内蒙古自治区政府每年提供的可再生能源研究开发费分别为 100 万元、50 万元和 30 万元；全国省、县、乡镇政府支出的农村能源技术推广费用，1981～1996 年累计 20.6 亿元。科技部 1996~2000 年支出的可再生能源重点科技攻关项目费用每年约 1 亿元。

2007 年 9 月和 2008 年 3 月国家发展与改革委员会以及建设部等部门相继公布了《可再生能源中长期发展规划》和《可再生能源十一五发展规划》，进一步强调了应用可再生能源的总量目标制度，并制定了《促进全国太阳能热利用的规划》。其他基本原则和规划还有：《建设部"十一五"可再生能源建筑应用技术目录》[建科（2007）216 号]；2009 年，国务院印发的《2009 年节能减排工作安排》明确指出要扩大可再生能源建筑应用示范规模，实施好新建经济适用房、廉租房、新农村农房可再生能源建筑规模化应用项目。仅 2009 年 7 月一个月相关部委就出台了《关于实施金太阳示范工程的通知》、《可再生能源建筑应用城市示范实施方案》和《加快推进农村地区可再生能源建筑应用的实施方案》三项鼓励性政策。与此同时，很多地方政府都制定了强制安装太阳能热水器的规定。例如，江苏省、北京市、海南省、深圳、广州、武汉、大连和沈阳都规定凡新建或改建 12 层以下住宅必住须强制安装太阳能热水器。

另外，2014 年 4 月 15 日，《绿色建筑评价标准》（GB/T 50378—2014）发布，并自 2015 年 1 月 1 日起实施。

（四）2012~2014 年部分地区太阳能建筑的发展情况

1）山东省：山东太阳能建筑一体化项目发展较快，例如，德州市太阳能建筑一体化成绩显著，济南持续推进太阳能与建筑一体化，烟台积极推广太阳能建筑，日照市出台多项措施推行太阳能与建筑一体化，山东推广太阳能与建筑结合的"去家电化模式"分析。

2）河北省：河北全面推广太阳能与建筑一体化工程，例如，邯郸太阳能与建筑一体化工程进展迅速，石家庄以财政奖励推广太阳能建筑项目，邢台市竭力推广太阳能建筑取得积极成效。

3）广东省：广东太阳能利用水平低，急需推广太阳能建筑，例如，广州实施建筑节能新规明令低层建筑利用太阳能，广东实施新规强制利用太阳能建筑设施，深圳市出台强硬措施推广太阳能建筑。

第七节　近年国际可持续建筑代表实例

2014 年，美国全国广播公司（NBC）盘点了全球十大可持续建筑物。

一、天使一号广场（如图 2-1）

坐标：英国，曼彻斯特。

上榜标签：就地取材的好榜样。

位于英国曼彻斯特的天使一号广场是英国高品集团（Co-operative）的新总部大楼。它由 3Dreid 建筑师事务所设计，并于 2012 年建成，容纳了超过 30 000m² 的高质量办公空间。数据显示，这里与高品集团之前的总部大楼相比，可节省能耗 50%，减少碳排放 80%，节省营业成本高达 30%！

值得一提的是，高品集团所实行的是本地采购和可持续性原则。据了解，这座大楼的能源来自于低碳的热电联产系统，由本地"高品农场"生产的油菜籽作为生物燃料，为热电联合发电站供能，剩余的庄稼外壳会回收成为农场动物们的"盘中餐"。多余的能量则会供应给电网，或是应用在其他的 NOMA 开发项目（由高品集团发起的英国最大的地区改造项目）中。剩余废弃

图 2-1　天使一号广场

的能量则会输送给一台吸收式制冷机，用来给建筑物制冷。

设计师考虑到全球气候变暖的问题，根据2050年的天气预测数据采取了相应的措施。就算未来夏季的平均气温升高3~5℃，冬季降水增加30%，建筑物也是可以应付有余的。而且建筑物的织物系统和环境系统经过设计之后，随着气温的逐年上升还会变得越来越高效。

此外，这座大楼合并了废水回收和雨水收集系统，确保了楼宇的低水耗。大楼还采用低能耗的LED照明，尽量采用自然光照，所以距离窗户7m的之外是不设置办公桌的。这里还配有电动汽车的充电站，更能满足未来楼宇居民的出行需求。

二、水晶大楼（如图2-2）

坐标：英国，伦敦。

上榜标签：全电式的智能"水晶"。

这座投资3500万欧元，历时一年半建造的西门子水晶大楼目前已经成为英国伦敦的全新地标性建筑。它由威尔金森·艾尔（Wilkinson Eyre）建筑设计师事务所设计，德国西门子公司建造。

水晶大楼是一座"全电式"的智能建筑，采用了以太阳能和地源热泵提供能源的创新技术，大楼内无需燃烧任何矿物燃料，产生的电能也可存储在电池中。此外，水晶大楼还融合了可将雨水转化为饮用水的雨水收集系统、黑水（厕所污水）处理系统、太阳能加热和新型楼宇管理系统，使得大楼可自动控制并管理能源。这里也设有电动汽车充电站，且是伦敦电动汽车充电网络项目"Source London"的一部分。

据报道，伦敦的西门子"水晶"只是西门子计划修建

图 2-2　水晶大楼

的全球三个城市能力中心中的第一座，也是最大的一座。未来几年，还会有另外两座城市能力中心将在中国上海和美国华盛顿落成。

图 2-3　美国银行大厦

三、美国银行大厦（如图 2-3）

坐标：美国，纽约。

上榜标签：美国最环保的摩天楼。

位于纽约城布莱恩特公园（Bryant Park）对面的美国银行大厦（Bank of America Tower）是美国第一座获得绿色能源与环境设计先锋奖（LEED）白金级认证的商业高层建筑。

据了解，美国银行大厦由 Cook+Fox 事务所设计，并已于 2009 年完工。该大厦共有 54 层，高达 366m，并拥有约 20 万 m^2 的办公空间，造价达 20 亿美元。

这栋大楼最受瞩目的应该是环保技术的应用实现。据了解，它可以极大限度地重复使用废水和雨水，每年可节省百万加仑的纯水消耗。大楼的晶面幕墙还可高效利用太阳能，且可捕捉到光照角度的改变，高性能的全玻璃外墙同时保证了日光利用的最大化。

值得一提的是，这座大厦还有一座 4.6MW 的天然气发电厂，配合储冰系统，高峰时期可为大厦减少 30% 的用电需求。此外，它还配有通顶的玻璃幕墙、高级地下空气循环系统等环保装置，可谓是美国目前最环保的建筑。

四、上海中心大厦（如图 2-4）

坐标：中国，上海。

上榜标签：节能环保的中国第一高楼。

上海中心大厦以 632m 的高度也将成为世界第二高楼。除了它"高大英俊"的外表，最受瞩目的还有它自身应用的多项可持续发展技术，技术领域涉及了照明、采暖、制冷、发电以及可再生能源领域。据预测，这些节能技术每年将为大厦减少碳排放 2.5 万 t。

大楼外部的造型呈旋转式，不对称的外部对立面可降低大厦 24% 的风荷载（空气流动对工程结构所产生的压力）。呈漏斗状的螺旋顶端还可将雨水收集，导入水箱，供大楼使用。

在自然光源方面，上海中心大厦同样采用全玻璃幕墙，外幕墙还有特制的彩釉，在夏季可以起到遮光效果，每层设置的横挡也可有效阻挡夏季的强烈阳光。大厦的照明系统大量采用最高效的 LED 光源、全方位中央绿色照明控制系统等绿色节能装置。大厦还利用地热资源进行采暖和制冷，相当环保。

图 2-4　上海中心大厦

安装于 565~578m 的 270 台 500W 风力发电机，总装机功率为 135kW。

不得不说的还有大厦顶层的风力发电装置，据了解它们每年可提供约 119 万 kW·h 的可再生能源。这些能源将用于建筑的外部照明及部分停车库的用电需求。

五、珠江城大厦（如图 2-5）

坐标：中国，广州。

上榜标签：世界最节能环保的摩天楼。

图 2-5　珠江城大厦

位于广州珠江新城 CBD 核心区域的广州珠江城大厦，一度被国外媒体喻为"世界最节能环保的摩天大厦"。这座将建筑艺术与生态技术融为一体的摩天大楼（建筑塔楼高 309m，71 层）已经获得了数个国际环保奖。

据了解，广州珠江城大厦将气候技术、太阳能、风能领域的创新性解决方案相结合，利用风能、太阳能自行发电，可自行生产其所需能源，多余的电还可以卖给国家电网公司。

其设计单位曾特别指出，该大厦节能效应的最大贡献来自空调系统。大厦采用的冷辐射天花板可以产生一种奇异的效果："室内温度设定在 28℃ 就可以让人感受到 26℃ 的体感温度，就是

这 $2^{\circ}\!C$ 的温差，便可节省空调 25% 的能耗。"

此外，珠江城大厦的外墙使用透明的双层玻璃幕墙，幕墙还安装光伏发电设备从而利用日照发电。大楼还装有其他太阳能板为大厦提供热水。外墙和楼顶的结构使得大厦的房间在白天完全可利用日光照明。数据显示，这座大厦每年至少可减少二氧化碳排放量 $3000\sim5000t$，相比常规非节能建筑，建筑自身能耗降低近 60%。

六、日月坛·微排大厦（如图 2-6）

坐标：中国，德州。

上榜标签：全球最大的太阳能办公大楼。

图 2-6　日月坛·微排大厦

位于山东德州市的日月坛·微排大厦，总建筑面积达 7.5 万 m^2，不仅是全球最大太阳能办公大楼，也是目前世界上最大的集太阳能光热、光伏、建筑节能于一体的高层公共建筑。

日月坛·微排大厦是 2010 年第四届世界太阳城大会的主会场，目前已将展示、科研、办公、会议、培训、宾馆、娱乐等功能集于一身。它综合应用了多项太阳能新技术，如吊顶辐射采暖制冷、光伏发电、光电遮阳、游泳池节水、雨水收集、中水处理系统、滞水层跨季节蓄能等技术，节能效率高达 88%，被誉为全球低碳中心。

这里的酒店还设有 80% 的绿色客房，客房内不设吸烟器具，每个房间不仅有环保宣传资料等，还对客人的单位能耗进行跟踪记录，甚至还会有礼品奖励。此外，日月潭·微排大厦还设有各类娱乐设施，比如森林氧吧、气候商城、太阳能泳池、楼顶花园等，也使得这里成了全球唯一一家微排湿地度假景区。

七、万科中心（如图 2-7）

坐标：中国，深圳。

上榜标签：自动遮阳的绿色楼宇。

万科中心位于中国深圳市的大梅沙度假村，占地面积 61 729.7m^2，总建筑面积 80 200m^2。

首先要说的就是这里采用的能够自动调节的创新式外遮阳系统。据了解，这套系统可根据

图 2-7　万科中心

太阳的高度以及室内的照度自动调节这些会"呼吸"的穿孔透光板，从而达到理想的遮阳效果。在中国来讲，也是首次将这种新型外遮阳系统应用于大型办公楼宇。

在水资源节约方面，建筑内部采用了全面的雨水回收系统，可以将屋面和露天雨水收集处理后蓄积在水景池内进而回用于草地绿化。此外，该项目还将所产生的污水全部回收，通过人工湿地进行生物降解处理，用于本地灌溉、清洗等用途。数据显示，这里每日的水处理量达 100t，大大减轻了市政用水的负担。最后，太阳能热水以及光伏电系统也在这里有所应用，光伏系统所产生的无污染电能预计每年提供 25 万度的电量。此外，太阳能热水还应用于泳池热水以及大厦淋浴洗手等方面。

八、马尼托巴水电大楼（如图 2-8）

坐标：加拿大，温尼伯。

上榜标签：加拿大最可持续建筑物。

这座位于加拿大温尼伯（Winnipeg）市中心、面积达 7.5 万 m² 的建筑物——马尼托巴水电大楼（Manitoba Hydro Place）已于 2009 年正式投入使用。它不仅是加拿大第四大能源公司——马尼托巴水电局的新总部大楼，也是该国最具可持续性的建筑物。

数据显示，它的能耗只相当于普通办公楼的 1/4，且还可抵抗该地区的极端气候，它曾被高层建筑委员会（the Council for Tall Buildings）评选为美洲最佳建筑。

这座建筑高 23 层，主要通过被动方式来节能。建筑底部的两座塔楼形状像大写的字母 A，在北部顶端相会，在南部的底端分开，从而可捕捉到充足的阳光。塔楼张开的部分容纳了一系列的冬季花园，就像肺一样吸纳进新鲜的户外空

图 2-8　马尼托巴水电大楼

气，并送到工作场所。每一座建筑中庭都设置了瀑布，根据季节加湿或干燥空气。高达 377 英尺高的呈"热烟囱"形状的主楼坐落于主入口，形成了天际线的标志。大厦所装置的环保热循环系统可为办公室采暖和制冷。

图 2-9 CIS 太阳能大厦

九、CIS 太阳能大厦（如图 2-9）

坐标：英国，曼彻斯特。

上榜标签：欧洲最大的垂直太阳能建筑。

位于英国曼彻斯特的 CIS 太阳能大厦（CIS Solar Tower）是世界 14 座超级太阳能大厦之一。据了解，这座大楼是在拥有 40 多年历史的原有大楼基础上翻新而成的，最突出的亮点在于它所拥有的欧洲最大垂直太阳板阵列——大楼外部装有 7000 余块太阳能板。

尽管从外形上来说，它并非显得"炫酷"，可就目前而言，世界上不少的"炫酷"太阳能摩天大楼却都在概念阶段。CIS 太阳能大厦目前早已完工并实现太阳能利用了，并且成为了欧洲最大的垂直太阳能建筑。

十、巴林世界贸易中心（如图 2-10）

坐标：巴林，麦纳麦。

上榜标签：首座将风电与建筑融合的摩天大楼。

高达 240m，拥有两座 50 层双子塔结构的建筑物——巴林世界贸易中心（BWTC），位于巴林首都麦纳麦的费萨尔国王大道。

虽然它不算高（高度在该国排名第二，仅次于巴林金融港中的巴林金融港塔），但它却是世界上首座将风力发动机组与大楼融为一体的摩天大楼。

这座大楼的亮点是双子塔之间 16 层（61m）、25 层（97m）和 35 层（133m）处所装置的重达 75t 的跨越桥梁和三座直径 29m 的风力发电涡轮机。风帆一样的楼体形成两座楼之前的海风对流，从而加快了风速。据了解，这三台发电风车每年约能提供 1200MW·h（120 万 kW·h）的电力，大约相当于 300 个家庭的用电量，可支持大楼所需用电的 11%～15%。

资料显示，这三台发电风车满负荷时的转子速度为 38r/min，通过安置在引擎舱的一系列变速箱，让发电机可以 1500r/min 的转速运行发电。在风力强劲，或需要转入停顿状态时，翼片的顶端便会向外推出，增加转子的总力矩，从而达到减速的目的。这三座风机能承受的最大风速是 80m/s，且可经受住 4 级飓风（风速 69m/s 以上）。

图 2-10 巴林世界贸易中心

第三章　太阳能与建筑一体化设计概述

太阳能与建筑一体化不是简单地将太阳能与建筑"相加"，而是要通过建筑的建造技术与太阳能的利用技术的集成，整合出一个崭新的现代化节能建筑。建筑应该从一开始设计的时候，就要将太阳能系统所包含的所有内容作为不可缺少的设计元素加以考虑，巧妙地将太阳能系统的各个部件融入建筑设计的相关内容中。

现代化社会中，人们对舒适的建筑热环境的要求越来越高，导致建筑采暖和空调的能耗日益增长。在发达国家，建筑用能已占全国总能耗的 30%~40%，对经济发展形成了一定的制约。随着经济建设和人民生活水平的提高，城市花园住宅已经成为潮流，同时能源危机和环境的恶化也在不断加剧，为此，既清洁又取之不尽的太阳能产品的开发和利用亟须普及，让太阳能产品助推城市花园化住宅实现既环保又节能，让未来住宅都太阳能化。随着国内太阳能热水器行业的发展，消费者对生活热水的要求越来越高，而且对建筑的美观也越来越重视，原有的闷晒式、紧凑式已不能满足人们的需求。太阳能作为一种无处不在、取之不尽、用之不竭、洁净无污染的能源正日益受到重视。

第一节　太 阳 能 利 用

一、太阳能

太阳能每秒钟到达地面的能量高达 80 万 kW，假如把地球表面 0.1% 的太阳能转为电能，转变率 5%，每年发电量可达 $5.6 \times 10^{12} kW \cdot h$，相当于目前世界上能耗的 40 倍。随着经济建设和人们生活水平的提高，能源危机和环境的恶化不断加剧，清洁且又取之不尽的太阳能产品的开发和利用亟须普及。我国每年陆地接受的太阳辐射能相当于 2.4 万亿 t 标准煤，等于上万个三峡工程发电量的总和。太阳能作为一种免费、清洁的能源，在住宅建筑中的利用，将关系到可持续发展的战略，可谓意义深远。其与建筑结合创造的低能耗高舒适度的健康居住环境，不仅让住户家庭生活得更自然更环保，而且能节能减污，对实现社会可持续发展具有重大意义。

二、太阳能利用的优缺点

（一）太阳辐射能的优点

太阳辐射能作为一种能源，在能源开发利用中具有其独特的优势。主要表现在以下几个方面。

1. 储量极其丰富

一年内达到地面的太阳能总量是目前世界主要能源探明储量的 10 000 倍。德国太阳能专家伯尔科说，只需开发非洲部分地区的太阳能发电，便能满足全世界的电力需求。而且太阳辐射可以源源不断地供给地球，取之不尽，用之不竭。

2. 普遍性

太阳能不像其他能源那样具有分布的偏集性。世界不少国家因为能源分布的不平衡性不得不花去庞大的输电设备和交通费用，而太阳能处处都可以就地利用，有利于缓解能源供需矛盾，缓解运输压力，解决偏僻边远地区及交通不便的农村、海岛的能源供应。

3. 无污染性

人类比以往更强烈地认识到为实现可持续发展，环境保护是发展进程的一个整体组成部分，环境与发展不能相互脱离。在众多环境问题中，矿物燃料燃烧形成的污染十分严重。而利用太阳能作能源，没有废渣、废气、废水排出，无噪声，不产生有害物质，这在环境污染日益严重的今天显得尤为可贵。

4. 经济性

太阳能利用的经济性可以从两个方面论述。一是太阳能取之不尽，用之不竭，而且其普照大地，到处可以随地取用。二是在目前的技术发展水平下，对某些地区，太阳能热利用已具备经济性，如太阳能热水器，虽然其一次投资较高，但在使用过程中不需要另外耗能，而电热水器和燃气热水器在使用过程中仍需耗费能量。因此，在某些地区太阳能热水器已初步具有和常规能源的竞争力。随着科技的发展以及人类开发利用太阳能的技术突破，太阳能利用的经济性将会更明显。

（二）太阳辐射能的缺点

太阳能资源虽然具有一些常规能源无法比拟的优点，但也存在着相当严重的缺点和问题，主要有以下三个方面。

1. 分散性

到达地球表面的太阳辐射能的总量尽管很大，但是能源密度却是很低。北回归线附近夏季晴天中午的太阳辐射强度最大，大约为 $1.1 \sim 1.2 kW/m^2$，即投射到地球表面 $1m^2$ 面积上的太阳能功率仅为 $1kW$ 左右，冬季大约只有其一半，而阴天则往往只有其 1/5 左右。因此，想要得到一定的辐射功率，只有两种可行的办法：一是增大采光面积，二是提高采光面积的集光比（即提高聚焦程度），但是前者将需占用较大的地面，而后者则会使成本大大提高。

2. 间断性和不稳定性

由于受到昼夜、季节、地理纬度和海拔高度等自然条件的限制，以及晴、阴、云、雨等气象因素的影响，太阳辐射既是间断的又是不稳定的。为了使太阳能成为连续、稳定的能源，从而最终成为能够与常规能源相竞争的独立能源，就必须很好地解决蓄能问题，即把晴朗白天的太阳辐射能尽量储存起来以供夜间或阴雨天使用。尽管有关科技人员在蓄能方面进行了大量的工作，但这仍是太阳能利用中的最薄弱环节之一。

3. 效率低和成本高

就太阳能利用的目前发展水平来说，有些方面虽然在理论上是可行的，技术上也是成熟的，但是因为效率普遍较低和成本普遍较高，所以经济性较差，目前还不能与常规能源相竞争。但是，随着我国工农业的大力发展，对环境保护的要求日益提高，太阳能利用将会有一个突破性的发展。

三、太阳电池原理

半导体根据导电机理的不同可分为 P 型半导体和 N 型半导体。当太阳光照射到半导体时，半导体中的电子被激发而移动，失去电子的地方就形成空穴。P 型半导体和 N 型半导体结合在一起在半导体中形成"势垒"。由 P 型半导体产生的电子向 N 型层移动，由 N 型层中产生空穴向 P 型层移动。P 型层中由于带有正电荷的空穴数目增多而带正电，N 型层中由于带负电荷的电子数目增多而带负电。当达到稳定状态时，在半导体两端产生电压，称为太阳电池的开路电压。当用导线连接半导体两端时，光电流在外部回路中流动，称为短路电流。

最基本的太阳电池是由 P—N 结构构成的。图 3-1 为典型光电池的剖面图。

四、光伏发电系统

光伏发电系统按其系统配置可分为独立式（stand-alone）和连接电网式（grid-alone）两种。

当不可能或没必要与电网连接时，独立式光电系统（stand-alone systems）较适用（如图3-2）。这种系统白天产生的多余电能储存在电池组中，以备夜间及昏暗多云天使用。

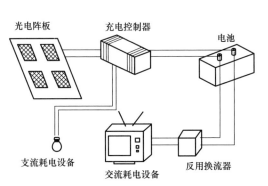

图 3-1　典型光电池的剖面图

（光线的光子产生自由电子，顶部金属网格和底部金属板通过外电路收集和返还自由电子。）

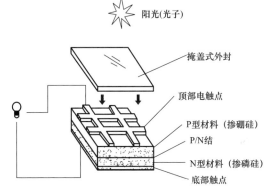

图 3-2　独立式光电系统

（一个独立式系统需要电池储存电力以供夜间使用，还需要一个将直流电变成交流电的反用换流器。）

当有电网时，就不需电池组储能了，因为电网已经充当了一个大的蓄电池的作用。连接电网式光电系统如图 3-3 所示。当太阳能电池板供电不足时，由电网向用户供电；相反的，若太阳能电池板供电大于用户需求，剩余的电可通过直交流逆变换器输送到电网。只需在连接电网时安装一块双向计量电度表即可解决电力收费的问题。这种系统特别适合于已有电网供电的用户，不仅可省去蓄电池的设置，减少初投资和运行维护费用，而且有利于削减因采用空调设备而造成的夏季白天用电高峰的问题。

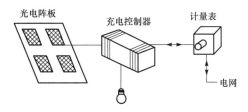

图 3-3　一个典型的连接电网式光电系统

（白天，多余的电流将流入电网，计量表会倒转。）

五、光电效应

（一）简介

光电效应发电具有地理分布范围广泛的潜能，使太阳能成为唯一新颖的能源来源而被应用于单个建筑中，从而使他们能够从大规模、地域化的供电系统中脱离出来。正因如此这一免费、清洁、无声的电力能源可以引进到城市、乡镇以及建筑密集的地区。在可持续发展的世界里，一栋建筑的建设会成功地在其内部容纳相关的活动，但它的落成却会对周围的环境、气候、当地的小区、该地区以及地球本身带来影响。可持续发展竭力想通过彼此之间的一体化中和一部分影响。如果实在无法避免，也要将影响降至最小。

太阳能光伏建筑一体化（BiPV）的目标就是达到可持续发展，尽量减少对环境的有害影响，也包括在发展新技术时节约能源与材料，在正确的应用下还会带来高雅的设计。就像植物经光合作用能将太阳辐射转化成供自身生长的能量一样，建筑也能通过利用特殊的太阳能组件来满足居住者对能量的需求。虽然阳光穿越大气层后只有 14.4% 的太阳能可供我们使用，但这也比我们所需的能量高 2800 倍。

对于发达国家来说，继续享受舒适的生活似乎理所应当；而对于发展中国家来说他们一直希望获得舒适的生活。可持续性就必须是我们设计理念的基石，不能仅仅依靠减少对不可再生能源的利用来减少污染，我们还需要设计可持续的建筑，依赖可再生的能源来提供大部分或全部的能量需求，并排除污染。

最有前途的可再生能源技术之一就是光电能。光电能的确是一种杰出的利用太阳光产生电能的方法，无须考虑能源供应和环境污染。据估计，地球接受仅仅一小时的太阳能就等于人类一年消费的能量总和。光电系统是一种固态装置，只是简单地运用太阳光来产生电能，无噪声，几乎不需维护，无污染，几乎没有物质资源的损耗。光电能的发展，最初采用单机形式，或者无须电网系统，发展缓慢。在 1992~1999 年间，总装机能量每年增长 20%~30%。这种增长速度在 2001 年和 2002 年增加到了 34%。能量规划师一直设想用大型太阳能工厂来覆盖广阔的沙漠。虽然这一设想拥有许多有利的特点，但是在经济投入方面仍需要细心的调查研究。地面光电系统需要占据土地，土地的成本和场地建设的成本相当可观。在欧洲、日本和许多其他国家缺乏大面积的开阔地域，使得建设像位于加利福尼亚州萨科拉曼多市那样的大型独立式光电系统受到限制。随着对太阳电能需求的增加，越来越多的意见认为能够在使用地点或使用地点附近提供电能的分布式光电系统是商业推广的首要选择。分布式光电系统是非常合理的，它提供输电线路支持，特别是在夏季峰值负荷地区；它可以建立一个多样化的有弹性的能源系统；并且不需任何特殊许可或批准即可以快速推广使用。

最受人关注的配电应用是独立建筑物的光电能量系统，它具有以下优势：① 提供建筑和建筑内部运作消耗的主要电力；② 房地产不受建筑物的限制；③ 对于支持光电系统的土地或光电系统本身无须支付房地产税；④ 没有场地开发成本——是建筑物建设的一部分；⑤ 相互联系的作用已经存在以服务建筑；⑥ 能够给用户的零售电价带来实惠；⑦ 可以减少用户电费，并且在时段电价情况下也相当经济；⑧ 能够减少二氧化碳排放量。

（二）光电效应在整体建筑设计上的贡献

在建筑师和工程师的眼中，光电电池与其他建筑材料一样都可以使用，但在具体的安装过程中还有一些特殊的要求。实质上，光电电池就是由铅制丝极连接在一起的微米薄厚的碟状芯片以及上下两片材料构成的，外侧覆盖一层透明的材料，或者将带电区域连在一起。后者的效应比前者低一半，但每平方米单位的价格也要低一半，因此两种电池都有生产，而且一旦并置或夹在一起也相当有效。

第二节　太阳能与建筑一体化及其设计动态

综合考虑社会进步、技术发展和经济能力等因素，在建筑物的策划、建造、设计、使用、维护以及改造等活动中，主动与被动地利用太阳能的建筑统称为太阳能建筑。我国太阳能建筑领域中的最成熟、应用范围最广、产业化发展最快的是家用太阳能热水器（系统），其次是被动式采暖太阳房。

一、概述

（一）概念

目前，我们可以看到各种形式的太阳能热水器，它就像冰箱、彩电一样已逐渐成为人们生活的基本消费品。然而，目前的太阳能热水器只考虑自身的结构和功能，没有考虑到建太阳能热水器几乎无一例外地破坏了建筑的整体形象。事实上，太阳能集热器本身具有防水隔热的作用，这与建筑物屋顶的作用具有相似之处，即可以利用太阳能集热设施部分或全部代替屋顶覆盖层的作用，从而可节约投资。因此，若能把建筑物与太阳能设施放到一起考虑，实现相互间的有机结合，便可节约投资，保持建筑物的整体美观性不受破坏，又可最大限度地利用设施与建筑的一体化问题，一般简称作"太阳能与建筑一体化"。❶

（二）含义

太阳能与建筑一体化具体包含四层含义。

1）它是将太阳能利用技术与先进的建筑节能技术和节能产品等优化组合，使建筑可利用太阳能的部分（如屋顶、墙体、门窗等）得以充分利用。

2）同步规划设计，同步施工安装，将建筑材料与太阳能利用设备有效结合，节省太阳热水或光伏发电系统的安装成本和建筑成本。

3）太阳热水或光伏发电系统和建筑融为一体，不影响建筑外观。

4）太阳能的利用与建筑相互促进、共同发展，使其节省能源。

（三）特点

太阳能与建筑一体化有它独特的特点。一是把太阳能的利用纳入环境的总体设计，把建筑、技术和美学融为一体，太阳能设施成为建筑的一部分，相互间有机结合，减少了传统太阳能的结构所造成的影响。二是利用太阳能设施完全取代或部分取代屋顶覆盖层，可减少成本，提高效益。三是可用于平屋顶和斜屋顶，一般对平屋顶而言用覆盖式，对斜屋顶用镶嵌式。四是该技术属于一项综合性技术，涉及太阳能利用、建筑、流体分布等多种技术领域。联合国能源机构最近的调查报告显示，太阳能与建筑一体化将成为 21 世纪的市场热点，成为 21 世纪建筑节能市场的亮点。❷

（四）发展趋势

早在 1999 年召开的世界太阳能大会上就有专家认为，当代世界太阳能科技发展有两大基本趋势，一是光电与光热结合，二是太阳能与建筑的结合。太阳能建筑系统是绿色能源和新建筑理念的两大革命的交汇点，专家们公认，太阳能是未来人类最适合、最安全、最理想的替代能源。目前太阳能利用转化率约为 10%～12%，太阳能的开发利用潜力十分巨大。据报载，

---

❶ 潘翔思．太阳能与建筑一体化在我国进行推广的几点思考．中国新能源网会议论文．

❷ 未来的建筑趋势——太阳能热水器与建筑一体化．http://www.sidite-solar.com/chinasolar/solarwaterheater/solar51.html.

目前，世界各国都在实施自己的"阳光计划"，如去年德国政府就宣布推行"十万屋顶"计划，即在建筑顶部大规模地铺设太阳能发电装置，既节省电力又利于环保。在欧洲的能源消费中，约有1/2用于建筑的建设和运行，而交通运输耗能只占能源消费的1/4，因此建筑物利用太阳能成为各发达国家政府极力倡导的事业，太阳能利用设施与建筑的结合自然是人们所关注的问题，主要是太阳能的光伏利用与建筑的结合上。我国太阳能的利用技术特别是太阳能光热利用技术日趋成熟，太阳能热水器行业经过20年的发展，取得了大批的科技成果，并形成了产业化生产。

太阳能与建筑一体化技术的推广，会全面推进太阳能在住宅建筑中的推广应用，降低住宅能耗，为不同建筑提供太阳能利用解决方案。研究出台太阳能与各类型建筑结合的规程、技术标准、标准图集，将太阳能系统作为建筑的一个构件加以考虑，与建筑同步设计、同步施工、同步维修、同步后期管理，将太阳能很好地融入建筑结构之中，既提供了新能源的使用又不破坏建筑的结构。实现"太阳能由零散购买逐步向工程化、源头化的模式转变"，推动"太阳能热水系统将作为标准建筑部分进入住宅"，最终实现太阳能与建筑一体化的完美结合。

对于如何发展太阳能与建筑一体化的绿色建筑，应抓住三个要点：其一要足于本土，树立正确的绿色建筑观念；其二应以低能耗为核心；其三要走低成本的精细化设计之路。如何提高可再生能源的利用程度，扩大可再生能源的利用范围，已经成为了人们在新世纪的重要课题与竞争之热点。

建筑室内温度及气流的预测方法和预测软件是太阳能与建筑结合的理论和应用基础，也是世界目前建筑空气调节的又一大方面，但是我国目前在该方面的水平和从事人数还远落后于世界先进国家。

保温隔热材料的开发、自然采光通风功能的实现、太阳能光热光伏技术的应用到遮阳、光影和舒适环境的创造，全方位地综合应用太阳能资源，就目前发展最快的太阳能光热利用而言，也将包括低温利用、中温利用和高温利用等多层次能源效率利用形式。而太阳能光伏利用也将在太阳能建筑一体化上表现出更为广阔的发展前景。

（五）太阳能建筑的发展策略❶

1）成熟的被动太阳能技术与现代的太阳能光伏光热技术的综合利用。

2）保温隔热的围护结构技术与自然通风采光遮阳技术的有机结合。

3）传统建筑构造与现代技术和理念的融合。

4）建筑的初投资与生命周期内投资的平衡。

5）生态驱动设计理念向常规建筑设计的渗透。

6）考虑区域气候特征和经济发达程度的差异。

7）关注不同的建筑特征和人们的生活习惯。随着我国社会发展和人民生活水平的不断提高，稳定的热水供应逐步成为居民的基本生活需求之一。这是太阳能热水设备及系统与建筑一体化成为太阳能建筑领域发展最快的主要原因。

8）建筑特征与政策导向。对于不同的建筑类型和社会功能，在太阳能利用等领域应给予不

---

❶ 太阳能建筑的技术途径与发展．中国工程预算网．2007-11-5.

同的示范导向和税收等激励政策。如对于公益性建筑采取强制推行太阳能利用的政策；而对于商业性建筑则给予税收等激励政策；对于量大面广的居住建筑则实行税收激励政策、能源投资机制及业主有偿使用相结合的策略。当然这些策略对于既有建筑的改造同样适用。近期可在选择特殊用途建筑、大型公益性建筑及政府办公建筑等进行示范推广和政策引导。

9）太阳能建筑技术和体系。编制设计规范、标准及其相关图集，建立产品（系统）检测中心和认证机构，完善施工验收及维护技术规程等，是太阳能利用（如热水供应）列入建筑工程设计环节，并作为一个"专业"纳入建筑体系的前提。

10）气候特征和经济发达程度。西部经济欠发达地区，往往又是太阳能资源丰富的区域，应以被动利用太阳能建筑为主，加强集热、蓄热、导热等材料和技术的研发与推广。而对于经济发达的沿海地区，夏季炎热、冬季阴冷，又具有冬季采暖、夏季空调的生活需求和经济能力。因此，应积极扩大综合利用太阳能建筑新技术的投资优势，并成为实施太阳能或水源热泵等采暖空调技术示范建筑的首选地区。

（六）太阳能建筑的发展目标❶

充分地综合利用太阳能，满足建筑物对于使用功能和环境功能尽量多的能源供应需求，以降低建筑能耗在社会总能耗中的比例。因此，进一步考虑将太阳能利用与地热能、风能、生物质能以及自然界中的低温热能等复合能源的利用结合起来，并进行系统的优化配置，以满足建筑的能源供应和健康环境的需求，是太阳能建筑发展的最高目标。零排放建筑代表了太阳能综合应用的最高理想。近期研究开发的重点是太阳能热利用产品和系统与建筑一体化。

（七）"一体化"技术美学

技术美学是研究物质生产和器物文化中有关美学问题的应用美学学科，是随20世纪现代科学技术进步产生的新的美学分支学科。它与文艺美学和审美教育相并列，构成了美学的三大应用学科。

技术美学作为一门独立的现代美学应用学科，诞生于20世纪30年代。它开始运用于工业生产中，因而又称工业美学、生产美学或劳动美学；后来，扩大运用于建筑、运输、商业、农业、外贸和服务等行业。50年代，捷克设计师佩特尔·图奇内建议用"技术美学"这一名称，从此，这一名称被广泛应用，并为国际组织所承认。1957年，在瑞士成立的国际组织，确定为国际技术美学协会。技术美学这一名称在中国也具有约定俗成的性质，其中包含了工业美学、劳动美学、商品美学、建筑美学、设计美学等内容。

太阳能建筑一体化技术在反映了人类改造自己居住环境的同时，也体现了人与自然的和谐共处。太阳能建筑一体化技术，就是要使太阳能技术和建筑技术充分结合并实现整体外观和设备功能的统一，以及与周围环境的和谐一致，这是这项技术的核心所在。

从技术结构上讲，太阳能建筑一体化技术有以下的提升：

1）完善了集热器方阵与周围建材的平滑连接，体现了一种紧凑和结构的美。

2）进一步深化集热系统、供热系统与建筑应用的完美结合。

3）多样化的产品，这样才能在建筑中成为一个系统，而不是一个单一的元素。

---

❶ 太阳能建筑的技术途径与发展. 中国工程预算网. 2007-11-5.

二、"一体化"设计动态、应用、发展

(一)动态

我国太阳能建筑领域中技术最成熟、应用范围最广、产业化发展最快的是家用太阳热水器（系统），其次是被动式采暖太阳房。与建筑的"分离"状态，也使得太阳能技术的推广举步维艰。太阳能技术实现良好效果的前提是与建筑实现一体化，但是目前实现"太阳能建筑一体化"仍有难度。而2007年在推进太阳能建筑一体化设计方面，各地就频出新政，详见表3-1。

表 3-1　　　　　　　　　　　　太阳能建筑一体化政策措施典例

时间	地区	政　策　措　施
2007.3	深圳	12层以下住宅须配太阳能热水系统 深圳新建建筑将强制配置太阳能热水系统，同时强制推行空调废热水的回收，否则不予通过节能验收。具备太阳能集热条件的新建12层以下住宅建筑，建设单位应当为全体住户配置太阳能热水系统，不配置太阳能热水系统的，不得通过建筑节能专项验收
2007.4	烟台	新建住宅实行太阳能与建筑捆绑设计施工 烟台强制推广的太阳能热水器与建筑一体化设计和施工，要求新建住宅项目在建设之初，将太阳能热水器的设计、安装作为建筑整体设计、施工的一部分加以考虑。在做到太阳能热水器与建筑同步设计、同步施工，保障建筑结构和产品使用安全的同时，有效解决太阳能热水器与建筑规划不协调的难题。其具体措施为，低层、多层建筑，全面推广太阳能热水器与建筑一体化设计和施工；小高层、高层住宅建筑，采取试点形式推广。凡是应采用太阳能热水器而未设计的，或未与建筑一体化设计的，一律不得通过施工图审查；擅自取消太阳能热水器或施工质量不合格的，不予竣工备案
2007.6	青海	推进太阳能资源在建筑中的应用 青海省出台了《2007年可再生能源建筑应用工作方案》，确定今后将重点推进太阳能资源在建筑中的推广应用。2007年青海省太阳能资源应用重点之一是要解决太阳能热水器和建筑的配合问题。此外，太阳能还将作为一种补充能源用于采暖
2007.12	杭州	新建12层以下住宅须利用太阳能 2008年开始，杭州市新建的12层以下居住建筑必须实施太阳能利用与建筑一体化的设计。12层以下的小区房屋建筑设计都要考虑太阳能装置，只是有些集热板装在建筑的顶部，有些装在墙体的侧面。太阳能和建筑一体化设计的房屋，只要日照充沛，可以保证每家每户都能享受24小时的热水供应，而电能只是作为辅助手段加以应用
2007.8	济南	12层以下新宅须留太阳能位置 济南市今后新建12层以下的住宅和宾馆酒店，必须采用太阳能热水系统与建筑一体化设计和施工，做到同步设计、同步施工
2007.10	广东	民用建筑拟强制装太阳能 广东省建设厅发表《广东省太阳能开发利用情况》，提出要尽快健全法规，提供财政支持，加快太阳能产业与建筑的一体化。符合条件的居民住宅，可能被要求必须安装太阳能

时间	地区	政 策 措 施
2007.7	日照	推广太阳能热水器与建筑一体化工程 　　从 2007 年开始，在日照全市住宅建设中大力推广太阳能热水器与建筑一体化的设计和施工，在产品的应用方式上鼓励选用分体承压、二次循环技术的太阳能热水器产品。对于实施集中供应热水的住宅小区或组团，鼓励采用太阳能集中供应热水技术和产品。目标是日照市城市规划区和莒县、五莲县城市规划区范围内新建住宅小区的低层、多层住宅建筑，2007 年 7 月 1 日起全面推广太阳能热水器与建筑一体化的设计和施工；小高层、高层住宅建筑，采取试点形式逐步推广。鼓励开发单位在住宅小区建设时，对小区内的路灯、草坪灯等公共照明设备采用太阳能光伏发电技术 　　将太阳能从规划审批、安装施工到竣工验收实行全过程管理。自 2007 年 7 月 1 日起，建设单位在委托进行建设项目规划时，应提出包括太阳能热水器形式在内的"四节一环保"的要求；承担规划设计方案的设计单位在进行住宅工程项目设计时，要确保太阳能热水器与建筑一体化设计，所提交的建筑规划方案要体现太阳能热水器与建筑一体化设计的景观效果，做到建筑立面整齐美观、协调有序；规划管理单位对按规定应采用太阳能热水器与建筑一体化设计的住宅工程，应审查太阳能产品安装后的建筑外观效果；施工图审查单位要在初步设计审查和施工图审查环节，对太阳能热水器进行专项审查，对应设计采用太阳能热水器而未设计的，或未与建筑一体化设计的，以及未按照规定要求选用产品的，不得通过施工图设计审查，审查合格的应在《民用建筑节能设计审查备案登记表》中注明；建设单位在组织工程竣工验收时，验收内容应包括太阳能热水器安装施工质量。擅自取消太阳能热水器或者施工质量不合格、使用存在安全隐患的项目，建设行政主管部门不予竣工验收备案

　　在新建建筑中实现太阳能建筑一体化，需要在设计之初，就对太阳能运用加以考虑。但是实际中，由于建筑行业对太阳能产品的不了解，常规的建筑规范中也未对太阳能技术运用作相关要求，导致很多建筑物在设计阶段，并没有考虑太阳能技术，而在后期另行安装太阳能，不但成本将加大，节能效果也会受到影响。在老建筑安装太阳能，更是面临被改造的命运。

　　一直以来，太阳能等可再生能源在建筑技术上的完美应用都是企业梦寐以来的追求，太阳能与建筑结合创造的低能耗高舒适度的健康居住环境，不仅让住户家庭生活得自然环保，而且节能减污，对实现社会可持续发展具有重大意义。在人类的生存环境破坏日益严重和能源危机的今天，如何开发利用环保节能的住宅配套产品就成了一个焦点话题。太阳能——作为一种免费、清洁的能源，在住宅建筑中的利用，将关系到可持续发展的战略，可谓意义深远。经过数年的研究和开发，太阳能的利用已取得显著成果并转化为生产力。在我国，太阳能热水器在全行业中现已拥有企业超过千家，推广应用范围也在不断扩大。而太阳能与建筑的结合，也在住宅建设中越发呈现出其不可替代的地位，并成为住宅建设中的一个最新亮点。

　　（二）能源利用种类和模式的创新

　　使用不同种类的能源对可持续发展的影响差别巨大，但这往往被传统的建筑节能所忽视。世界著名的能源专家霍华德·T·奥德姆所定义的能源转换率是指：产出一单位能量所需另一类型能量的量（见表 3-2）。

表 3-2 典型能源的能值转换率

项 目	太阳能/卡 *	项 目	太阳能/卡 *
太阳光能	1	雨水化学能	18000
风能	1500	大河流能量	40000
有机物、木材、土壤	4400	化石燃料	50000
雨水潜能	10000	电能	170000

* 生产所列物质 1 卡所需的太阳能的卡数（这些太阳能直接和间接用于能量和物质转换），如将太阳能源转换率定义为
1 的话，某一产品（或能源）的太阳能转换率可以被看作是消耗该产品（能源）发出 1 卡的能量时，相当于消耗多
少大卡的太阳能（历史上的储存）。这可以阐明能源的品质以及可再生程度。

如何计算某一产品（或能源）利用的经济性（不计环境成本），用能值产生率表示（见
表 3-3）。

表 3-3 典型能源产品的能值产出率

项 目	能值产出率 *
依赖性能源	
·农场风车，17mph 的风	0.03
·太阳热水器	0.18
·太阳能电池	0.41
燃料	
·棕榈油	1.06
·能源密集玉米	1.10
·蔗糖醇	1.14
·人工林木材	2.1
·褐煤	6.8
·天然气（海面）	6.8
·油（从中东购买）	8.4
·天然气（海边）	10.3
·煤（怀俄明州）	10.5
·油（阿拉斯加州）	11.1
·雨林木材（100 年树龄）	12.0
电能	
·海热电站	1.5
·风电站，强而稳的风	2
·煤火电站	2.5
·雨林木材火电站	3.6
·核电	4.5
·水电站（山上水流域）	10.0
·地热电站（火山区）	13.0
·潮汐电（25ft 范围）	15.0

* 能值产出被总投入能值所除，总投入能值是从经济系统购买的能值（包括商品和劳务），但不包括环境损失的能值。
净能值的计算方法来源于《环境核算——能值与决策》（H·T·奥德姆，1996）。

早在 1999 年召开的世界太阳能大会上就有专家认为，当代世界太阳能科技发展有两大基本趋势：一是光电与光热结合，二是太阳能与建筑的结合。太阳能源建筑系统是绿色能源和新建筑理念的两大革命的交汇点，专家们公认，太阳能是未来人类最适合、最安全、最理想的替代能源。目前太阳能利用转化率约为 10%~12%，太阳能的开发利用潜力十分巨大。

三、太阳能建筑一体化技术制约因素

我们在肯定太阳能有着积极的意义和美好前景的同时，也要冷静地看到其在现实生活中存在不利的方面，其技术目前在某些方面还受到一定的制约。具体的原因简要地分析如下。

1）受气候或天气的影响，太阳能的获取有一定的不连续性。

2）西部某些地区虽然日光照射强烈，能量充足，但是由于历史、地理的原因，造成了太阳能资源和当地的经济发展不相适应。在某些地方，人们是没有能力去享受太阳能技术带来的便利和实惠，所以，技术的实现还要以经济作为后盾。

3）由于受到传统观念的影响，在许多人眼里，能源仍然是指煤炭、石油等传统的战略物资，而新的技术在短时间内取得成就又难以让人信服，所以，仍有不少人对太阳能心存怀疑。

四、技术策略

太阳能与建筑一体化的发展必须有一定的策略与之相适应，一是成熟的被动太阳能技术与现代的太阳能光伏光热技术的综合利用；二是保温隔热的维护结构技术与自然通风采光遮阳技术的有机结合；三是传统建筑构造与现代技术和理念的融合；四是建筑的初投资与生命周期内投资的平衡；五是生态驱动设计理念向常规建筑设计的渗透；六是综合考虑区域气候特征、经济发达程度、建筑特征和人们的生活习惯等相关因素。

（一）软件技术

太阳能供能设备的非定常性，对气象条件和辐照条件的依赖性等特点，要求我们必须对建筑用能负荷进行准确的预测，才能够在设备与建筑的匹配上做出设备投资和节能效益最佳的选择。因此，世界太阳能建筑一体化设计软件则成为其发展的关键因素。建筑室内温度及气流的预测方法和预测软件是太阳能与建筑的结合的理论和应用基础，也是世界目前建筑空气调节的又一大方面，但是我国目前在该方面的研究水平和从事人数还远落后于世界先进国家。

（二）硬件技术

综合考虑建筑构件和设备协调，构造合理，使一体化设计有利于保证建筑整体的质量。即所谓的整合设计，就是在做建筑设计的时候就把太阳能光电板设计考虑进去，而不是后来才加的，这也是太阳能与建筑一体化设计的重要体现。

1）综合使用材料，降低总造价，减轻建筑荷载，通过一体化技术的实施更加有利于节能与环保以及建筑全寿命周期的建筑节能。

2）建筑的使用功能与太阳能的利用有机结合在一起，形成多功能的建筑构件，巧妙高效地利用空间；同步施工，一次安装到位，避免后期施工对用户生活造成的不便以及对建筑已有结构的损害。

3）如果采用集中式系统，还有利于平衡负荷和提高设备的利用效率。

4）经过一体化设计和统一安装的太阳能利用装置，在外观上可达到和谐统一，特别是集合住宅这类多用户使用的建筑中，改变使用者各自为政的局面，易于形成良好的建筑艺术形象。

5）太阳能热水器一体化住宅不完全是简单的形式观念，关键要改变现有的住宅内在运行系统，把美学因素定位于生态的审美和倾向于产品化的设计。

6）可以从韵律感和体形变化这两个方面进行处理，使太阳能建筑为城市景观增添魅力。

五、太阳能建筑光热转换一体化设计方法分析

在太阳能利用技术方面，通过转换装置把太阳辐射能转换成热能利用的技术属于太阳能光热转换技术；通过转换装置把太阳辐射能转换成电能利用的技术属于太阳能光电转换技术，光电转换装置通常是利用半导体器件的光伏效应原理进行光电转换的，因此又称太阳能光伏技术。

而在建筑上，太阳能利用主要包括两大类型：一种是太阳能集热系统，即利用太阳能集热，例如提供生活热水、取暖（或制冷）等，其中又以热水供应系统的应用最为广泛；另一种是太阳能光电系统，即将太阳辐射中的能量直接转化为电能，为建筑及整个社会提供清洁能源。

在我国，各种太阳能热利用技术中运用最成熟、应用最广泛、产业化发展最迅速的是太阳能热水器，还有太阳房、太阳灶、太阳能温室、太阳能干燥系统、太阳能土壤消毒杀菌等技术在北方和西部地区应用也较广。

太阳能光热转换一体化技术包括被动式和主动式两种方式。

第四章　被动式太阳能一体化设计

在建筑设计中，建筑师组织自然通风来完成降温制冷，以及通过建筑构件本身利用太阳能采暖、供暖，而系统运行过程中不需要消耗电能，这样的系统称为被动式太阳能系统，采用这种系统设计的建筑则为被动式太阳能建筑。

第一节　被动式太阳能

所谓被动式太阳能，是指利用太阳能提供室内供热，而无需其他机械装置提供能源，被动式太阳能系统依靠传导、对流和辐射等自然热转换的过程，实现对太阳能的收集、储藏、分配和控制。对于被动式太阳能系统来说，它需要两方面的元素构成：一是利用朝阳方向的透明材料（玻璃或塑料等）或是深色材料来收集太阳能，二是收集、储存和分配太阳能热量的蓄热体能够最大限度地接收太阳能。

一、被动式太阳房采暖

被动式太阳能建筑在建筑物上采取技术措施，而无须机械动力（有时需要借助换气风扇加强热量交换），利用太阳能进行采暖，它既不需要太阳集热器，也不需要水泵或风机等机械设备，只是通过合理布置建筑物的方位，改善窗、墙、屋顶等建筑物构造，合理利用建筑材料的热工性能，以自然热交换的方式使建筑物尽可能多地吸收和储存热量，以达到采暖的目的。

1. 直接受益式

让太阳光通过透光材料直接进入室内的采暖形式，是太阳能采暖中和普通房差别最小的一种。冬天阳光通过较大面积的南向玻璃窗，直接照射到室内的地面、墙壁和家具上面，使其吸收大部分热量，因而温度升高，少部分阳光被反射到室内的其他面（包括窗），再次进行阳光的吸收、反射作用（或通过窗户透出室外）。被围护结构内表面吸收的太阳能，一部分以辐射和对流的方式在室内空间传递，另一部分导入蓄热体内，然后逐渐释放出热量，使房间在晚上和阴天也能保持一定的温度。

其中直接受益窗是应用最广的一种方式，如图4-1~图4-3所示。其特点是：构造简单，易于制作、安装和日常的管理与维修；与建筑功能配合紧密，便于建筑立面处理，有利于设备与建筑一体化设计；室温上升快、一般室内温度波动幅度稍大。

长的东西向平面，可有效的缩小东西立面尺寸，这样，在夏季可以降低建筑物的东西向太阳的热，但并非所有的基地都容许东西向延伸布置，在这种情况下，房间的进深往往会增加，这时可采用平面或剖面错层布置促进房间深处的采光与日照，促进建筑采光与日照的几种布置如图4-4所示。

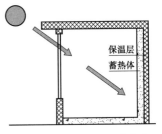

图4-1　直接受益式玻璃窗

保温层
蓄热体

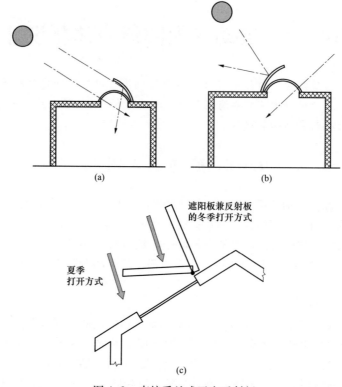

图 4-2　直接受益式天窗反射板

（a）冬季利用反射板增强光照；（b）夏季反射板遮挡直射，漫射光采光；（c）坡屋顶天窗冬夏季开启方式

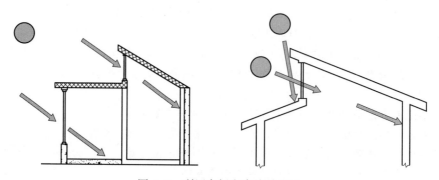

图 4-3　利用高侧窗直接受益式

2. 集热墙式

集热蓄热墙是由法国科学家特朗勃（Trombe）最先设计出来的，因此也称为特朗勃墙。特朗勃墙是由朝南的重质墙体与相隔一定距离的玻璃盖板组成。在冬季，太阳光透过玻璃盖板被表面涂成黑色的重质墙体吸收并储存起来，墙体带有上下两个风口使室内空气通过特朗勃墙被加热，形成热循环流动。玻璃盖板和空气层抑制了墙体所吸收的辐射热向外的散失。重质墙体将

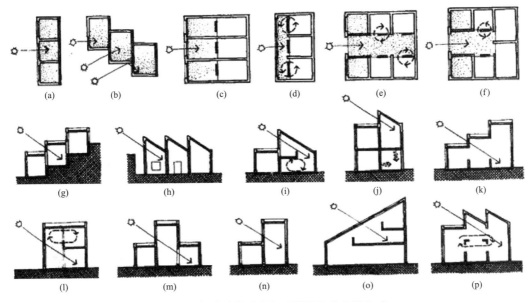

图 4-4　促进建筑采光与日照的几种布置方式

（a）东西向延长；（b）平面错排；（c）南北房间相连；（d）相邻房间相邻；
（e）深房间在中间；（f）大房间在南面；（g）山坡上退台布置；（h）屋顶高出障碍物；
（i）中间层位于坡顶下；（j）高房间在后；（k）房间退台布置；（l）高房间在南侧；
（m）高房间在中央；（n）高房间位于北面；（o）斜坡下退层；（p）大房间包围

吸收的辐射热以导热的方式向室内传递，冬季采暖过程的工作原理如图 4-5（a）、（b）所示。另外，冬季的集热蓄热效果越好，夏季越容易出现过热问题。目前采取的办法是利用集热蓄热墙体进行被动式通风，即在玻璃盖板上侧设置风口，通过如图 4-5（c）、（d）所示的空气流动带走室内热量。另外利用夜间天空冷辐射使集热蓄热墙体蓄冷或在空气间层内设置遮阳卷帘，在一定程度上也能起到降温的作用。

3. 附加阳光间式

这种太阳房是直接受益式和集热墙式的混合产物。其基本结构是将阳光间附建在房子南侧，中间用一堵墙（带门、窗或通风孔）把房子与阳光间隔开。实际上在一天的所有时间里，附加阳光间内的温度都比室外温度高，因此，阳光间既可以供给房间以太阳热能，又可以作为一个缓冲区，减少房间的热损失，使建筑物与阳光间相邻的部分获得一个温和的环境。阳光间直接得到太阳的照射和加热，所以它本身就起着直接受益系统的作用。白天当阳光间内空气温度大于相邻的房间温度时，开门（或窗或墙上的通风孔）将阳光间的热量通过对流传入相邻的房间，其余时间关闭。把由两个或两个以上被动式基本类型组合而成的系统称为组合式系统。不同的采暖方式结合使用，就可以形成互为补充的、更为有效的被动式太阳能采暖系统。直接受益窗和集热墙两种形式结合而成的组合式太阳房，可同时具有白天自然照明和全天太阳能供热比较均匀的优点。阳光间的基本形式见表 4-1。

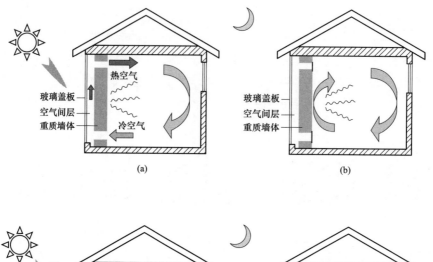

图 4-5　导热工作原理图
（a）冬季白天；（b）冬季夜间；（c）夏季白天；（d）夏季夜间

表 4-1   阳 光 间 的 基 本 形 式

对流式	直射式	混合式
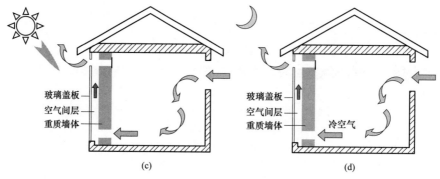		
阳光间与内窗之间的公共墙体的作用与集热蓄热墙相同，应开设上下通风口，以便组织好内外空间的热气流循环	落地窗作用同直接受益窗，设部分开启扇，以组织内外空间的热气流循环，也可设门连通内外空间	公共墙上可开窗和设槛墙，使内室既可得到阳光直射，又有槛墙蓄热之效益。窗开启扇设孔以组织热气流循环

二、被动太阳能建筑热压自然通风

与被动式太阳能采暖一样，被动降温设计方法也是根据建筑所在地区的气候特点确定的，需要根据当地室外空气温度、湿度、风速、风向、夏季太阳辐射强度等气候参数以及建筑地址、方位、使用功能等多种因素综合考虑。在设计方法上，主要从控制建筑冷负荷以及通风降温两方面解决。

风压通风的冷却效果与气流速度、进出风口的面积、室外风速大小、风的入射方向、室内外的温度差都有关系。在炎热气候条件下，当无风或者由于基地条件的限制，建筑物难以形成风压通风时，热压通风则是一种重要的降温方式。热压通风的几种剖面布置方式如图4-6所示。

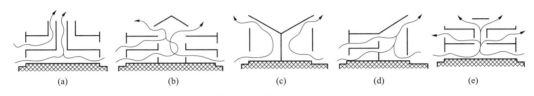

图4-6　热压通风的几种剖面布置方式
（a）专用烟囱；（b）高房间在中间；（c）两侧高房间；（d）单侧高房间；（e）阶梯烟囱

被动式热压自然通风的主要原理是热压通风。所谓热压通风，就是利用建筑内部由于空气密度不同，热空气趋向于上升，而冷空气则趋向于下降的特点，促进自然通风。被动式热压自然通风主要应用为双层夹壁，玻璃外壁用于透过太阳照射，内壁是蓄热墙，通常含有绝热材料，内外壁之间有一定间隔，分别有开口与外界或室内相通。内壁吸收太阳能，可以达到相当高的温度，从而使内外壁出现较大温差，导致气体的密度差，在夹壁内形成自然对流，浮力作用使气流上升，与外界形成循环，促进室内的自然通风（烟囱效应）。这种室内外的气体循环不仅带进新风，增加换气量，还带走了室内多余的热量和湿气。同时，内壁含有绝热材料，可以减少外界对室内的传热量，这就有效降低了室内热负荷，改善人体热舒适性。

被动式热压自然通风的另一优点表现在它的自调节性。室外气温越高，太阳集热系统吸收的太阳辐射也越大，其中空气温度也越高，从而产生更大的通风换气量。此外，这种冷却方式均是在建筑物结构上加以简单改进，能与建筑设计较好地融合，体现了生态建筑优化设计的思想。例如，津巴布韦 Harare Eastgate 大楼就是此类建筑的典型代表，如图4-7和图4-8所示。

第二节　被动式太阳能一体化设计技术

一、被动式太阳能加热的设计方法

被动式太阳能建筑完全通过建筑朝向和周围环境的合理布置、内部空间和外部形体的巧妙处理以及材料、结构的恰当选择，集取、蓄存、分配太阳热能。1920年芝加哥一家报社创造了一个新的词汇——太阳能住宅。这种住宅与传统的民居不同，它是以热水供应和采暖为目的，更积极更科学地把太阳能应用在住宅上。我们遂可以认识到太阳能住宅的突出特点是为住宅的热水供应设备和采暖设备，向太阳索取热源。

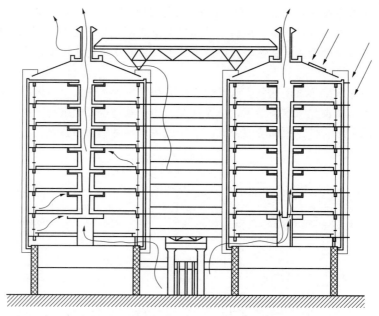

图 4-7 津巴布韦 Harare Eastgate 大楼剖面

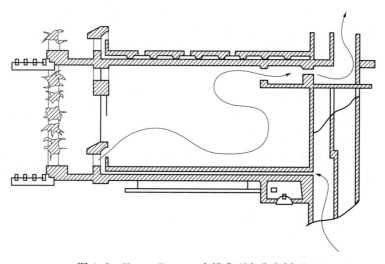

图 4-8 Harare Eastgate 大楼典型办公室剖面

　　被动式太阳能建筑系统的定义为：不采用特殊的机械设备，而是利用辐射、对流和传导使热能自然流经建筑物，并通过建筑物本身的性能控制热的流向，从而得到采暖或制冷的效果。建筑物本身是系统的一个组成部件，不像一般的采暖制冷设备那样，可以和建筑物分离开而成为独立的系统。设计目的以自然环境为对象，利用自然环境的潜能。在进行设计时要先分析地区的气候特点，找出各个气候因素的潜能强度，想方设法在建筑上采取措施，对能够利用的因素积极地利用，对产生不利的因素则极力地避免。

建筑物的综合性能中包括了生活方式、气候特点、建筑物性能，而建筑物性能又分为冬季性能和夏季性能：冬季的性能主要是隔热、气密、集热、蓄热；而夏季的性能主要表现在通风、夜间换气、隔热、夜间辐射、蒸发、蓄冷。

因而被动式太阳能加热的设计方法大致由三个方面组成。

1) 最大限度地获取热量：有效的太阳能集热，生成热的回收和再利用。为了有效地集热，我们可以设置阳光间。如在阳光间和内窗之间的公共墙体作用与集热蓄热墙相同，开设上下通风口，组织好内外空间的热气流循环的对流式阳光间（如图4-9）；落地窗的作用同直接受益窗，设部分开启窗，组织内外空间的热气流循环，也可设门连通内外空间的直射式阳光间（如图4-10）；公共墙上开窗和设槛墙，使内室既可得到阳光直射，又有槛墙蓄热的效益，窗开启扇设孔以组织热气流循环的混合式阳光间（如图4-11）。

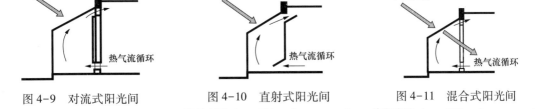

图4-9　对流式阳光间　　　　图4-10　直射式阳光间　　　　图4-11　混合式阳光间
资料来源：http://bbs.solarzoom.com/。　资料来源：http://bbs.solarzoom.com/。　资料来源：http://bbs.solarzoom.com/。

2) 将热损失降到最小程度：将辐射、传导、对流以及换气过程中产生的热损失降到最小程度。要做出好的设计我们需要了解被动式太阳房热量流动的方式：在建筑南面设玻璃面，使南向阳台和温室不但能够直接利用太阳能，而且创造了联系内外环境的过渡空间，常用房间位于北侧绝热性能好、较封闭的服务空间和南面能直接利用太阳能的缓冲空间之间。厚重的地板和温室底部的砾石能在白天储存热量，夜晚释放热量，过多的热量可通过通风口释放出去（如图4-12）。

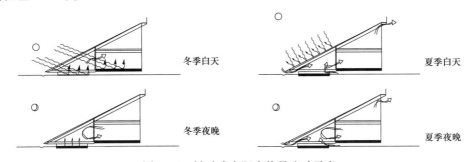

图4-12　被动式太阳房热量流动示意
资料来源：http://bbs.solar-pv.cn/。

3）适当的蓄热：蓄热构件和蓄热池。在被动式太阳能供暖设计时我们可以根据具体情况来使用不同的系统，被动式太阳能供暖系统可分为直接受益式、集热蓄热墙式、综合式、屋顶集热蓄热式和热虹吸式（如图4-13）。

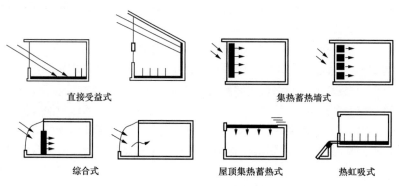

直接受益式　　　　　　　　集热蓄热墙式

综合式　　　　　屋顶集热蓄热式　　　　热虹吸式

图4-13　被动式太阳能供暖系统

资料来源：http://www.btsolar.com/bbsxp。

设计方法中有把房间朝南的窗户扩大，或做成落地式大玻璃，让阳光直接进到室内加热房间，白天通过墙壁、地板、家具蓄热，夜间通过辐射、对流、传导将热量释放出来的直接受益式（如图4-14）。南向外面有玻璃的深黑色蓄热墙体吸收太阳辐射热后，把热量传导到墙内一侧，再以对流和热辐射方式向室内供热的集热储热墙式（如图4-15）。综合直接受益式和集热蓄热墙式附加在房屋南面的温室，使室内有效获热量增加，同时减少室温波动的综合式（如图4-16）。将集热器和蓄热器与建筑物分开设置，集热器低于房屋地面，蓄热器设在集热器上面，形成高差，利用流体的热对流循环，白天被加热后的空气借助热虹吸作用，上升到上部岩石经过冷却后回流底部，夜间蓄热器通过送风口以对流方式向采暖房间采暖的热虹吸式（如图4-17）。屋顶是一个浅池式集热器，池顶安装可推拉开关的保温盖板，冬季取暖，夏季降温；冬季白天打开保温板让水充分吸收太阳辐射热，夜间关闭蓄热；夏季白天关闭隔断阳光直射，夜间打开向天空散热的屋顶集热蓄热式（如图4-18）。

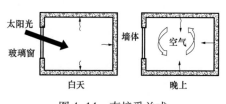

图4-14　直接受益式

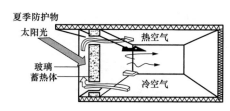

图4-15　集热蓄热墙式

而被动式太阳能制冷的设计方法可以将进入室内的热能降到最小程度：遮挡直射太阳光，防止太阳光辐射，屋顶和墙体的隔热；同时可以提高散热：引入冷空气，利用冷辐射，迅速排出室内热空气，利用通风提高体感效果，利用夜间辐射提高冷却效果，利用潜热蒸发提高冷却效果，吸收地面热能；还能利用蓄冷构件和蓄冷池适当地蓄冷。

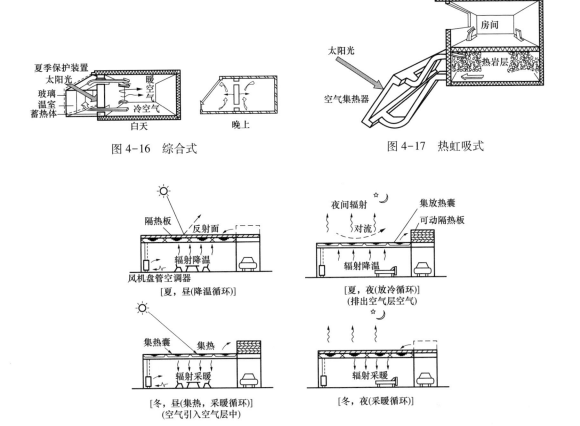

图 4-16　综合式

图 4-17　热虹吸式

图 4-18　屋顶集热蓄热式

资料来源：http://www.btsolar.com/bbsxp。

二、被动式太阳能光热一体化的建筑设计部分

下面来分别分析下建筑各个部位在被动式一体化设计时应该注意到的方面。

（一）屋顶部分进行被动式一体化设计的方法

屋顶是建筑最本质的部分。可以通过屋顶的坡度、方向、方位、表面积、材料和颜色等与外部环境进行协调，最好在高温季节能使屋顶尽量不吸收热能，而在寒冷季节又能尽量避免热能散失以做到对热的控制。屋顶的倾斜坡度不同，接收的太阳辐射量也有差别，在采用屋面集热时，最佳安装角度为：采暖用的角度为纬度加 15°，制冷用的角度为纬度加 5°。屋顶的被动式设计应该从采光、采暖、表面热控制、隔热保温、换气和冷却等六个方面来考虑。

1）在屋顶采光方面。当我们的设计方案遇到特殊情况在南面不能设开口采光时，可以从屋顶采光，把太阳辐射引入室内。屋顶采光可采取三种形式，即分别针对平屋顶、坡屋顶和垂直面开口式天窗，都能够很好地控制冬天和夏天的太阳辐射。

2）在屋顶采暖方面。方案中可以在朝南的屋顶上用黑色的轻金属板接受热量，通过檐口的

空气进气口把空气引入金属板里面，再用风机和通风管道把被动加热的空气导入室内的地板下面采暖（如图4-19）。

我们也可以直接增大朝南屋面的受热面积，通过冬季直接获热来提高受热效果，同时用屋顶将北面墙压低，或墙外堆土，把来自北风及其他北面的热损失减少到最低程度（如图4-20）。

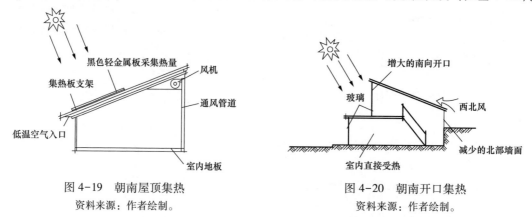

图4-19　朝南屋顶集热

资料来源：作者绘制。

图4-20　朝南开口集热

资料来源：作者绘制。

在热损失大的开口部位，可以用双层玻璃窗，或在内侧安装隔热门。遇到设计中坡屋顶建筑屋脊东西走向的，屋脊的南北两面架设大屋顶，把北风造成的建筑北面的热损失降低到最小。

3）在屋顶表面和热控制方面，要综合考虑到对于太阳辐射、雨、风和落下物体等外来因素的遮挡作用和对周围的影响，可以利用空气对流的设计，积极地使空气在屋顶表面或屋顶里面流动，控制空气产生的热，进一步减少屋顶受热的影响。在利用太阳辐射进行设计时，屋顶材料的颜色、形状对建筑物的设计有很大的影响。太阳辐射热的吸收和反射的特性，因屋顶材料的颜色和表面性状的不同而有很大的差异，充分地利用好太阳辐射热的吸收和反射的特性是设计的基本要求。

具体的方法有建筑屋顶用涂有选择性吸收膜的不锈钢板，屋顶材料的里面全部采用通风管道，用供气风扇将太阳辐射热送入到室内（如图4-21）。

在利用植物方面，在混凝土和防水砂浆压层的坡屋顶上，放置木龙骨类的木框架，使爬山虎类植物攀绕其上。利用植物的遮阴效果，使屋顶表面不受阳光直射，并利用风在钢筋混凝土屋面上吹过，使热散掉（如图4-22）。

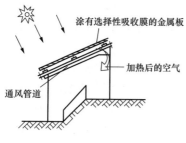

图4-21　太阳辐射热和吸收热

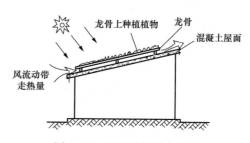

图4-22　屋顶种植草木散热

在利用水蒸发方面，根据蒸发潜热在屋顶上洒水或栽种植物，水分从土和植物中蒸发出来时携走了汽化热，从而达到热的控制。或在夏季将水注入屋顶水池内存放起来具有隔热和蓄冷效果（如图4-23）。也可以利用活动装置，在屋顶上安装各种装置，按季节控制室内温度。如在屋顶铺设透气砌块等利用小面积的阴凉就可以控制屋顶太阳辐射量的接收（如图4-24）。

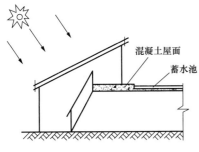

图4-23　屋顶水池隔热

图4-24　屋顶铺设透气砌块

资料来源：http://www.tynbbs.com/。

4）在屋顶的隔热、保温方面，我们都知道隔热的原理是要使用一种足够的厚度隔热材料，它比一般的内外装修材料和结构材料更难传热。而保温有两种方式：一是在某种有限制的供热条件下，为了保持室内的温度、墙体内表面温度或墙体内温度，就要减少热向墙体等的流进流出；二是通过热供应适当地保持室内温度。保温既不是只依靠隔热来实现，也不是只依靠热供应来完成，而是要通过这两种方式的相互补充才能保持需要的热环境。因此要注意使用隔热材料控制热的流进流出；通过屋顶里层的通风换气进行排热（夏季）和防止结露；或利用防潮片材防止湿气进入屋顶里层以及防止室内向外漏气。

在建筑设计中我们可以在屋顶内设置保温层以减少冬季热量损失以及防止夏季热量侵袭，在靠近南面设置可以直接受热的附属温室达到冬季获取热量的目的（如图4-25）。

通过在屋顶栽种植物和土隔热，利用屋顶栽种植物在夏季遮挡太阳辐射，从室内也可以获得良好景观，土层在冬季可以作为隔热材料（如图4-26）。

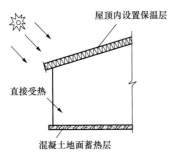

图4-25　保温屋面和蓄热地面

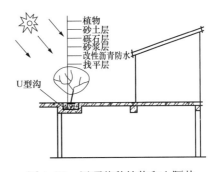

图4-26　屋顶栽种植物和土隔热

5）在屋顶的换气方面，夏季屋顶里层会聚集大量的热气，气温有时会高达60～70℃。此时就要把屋顶里层的高温空气及时排出屋外，采用屋顶里层换气就会很有效果。

夏季通过设置在檐口的进气口引入空气，吸收屋顶内聚集的热量后通过在屋脊附近的排气口排出，来达到给屋顶降温的效果。在冬季，利用太阳辐射到选择性吸收金属板上面，将从室外引入的空气加热后导入室内，给使用者提供舒适的生活环境（如图4-27）。

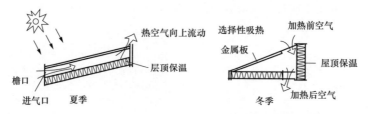

图4-27　屋顶夏季和冬季换热方式

6）在屋顶的冷却方面，夏季屋顶会受到强烈的太阳辐射，为了防止酷热，必须考虑太阳辐射热不能侵入到室内，而且还要积极地利用太阳辐射热。一体化设计中屋顶制冷方法大致分为以下几种。

使用空气的方法。用屋顶上的辐射冷却板冷却空气，送到居室或蓄热部分进行制冷或蓄冷（如图4-28）。制冷方式有两种，一种是将室外空气引入到辐射冷却板上进行冷却，然后送入室内；另一种是让室内空气在辐射冷却板内循环后，送入室内。

使用屋顶水箱或水池的方法。屋顶水池是将水箱放在顶棚的上面，夜间屋顶打开，通过向空气中散发热而冷却；白天关闭屋顶，让水箱里的水吸收室内的热，从而获得冷却效果。在冬季，白天让水箱里的水吸收太阳热能，夜间关闭隔热窗，从顶棚上采暖（如图4-29）。

使用屋顶洒水的方法。白天往屋顶上洒水完全隔断强烈的太阳辐射热往室内侵入。让水从屋顶上流下来，遮挡住太阳的辐射热，水流状态下又促进了蒸发冷却作用（如图4-30）。

另外，在屋顶的一体化设计方面我们不得不考虑自然风对屋顶的影响。可以在建筑在主导风向上设置采风口，利用风压力呈正压把室外空气引入室内，也形成了建筑的空中轮廓线（如图4-31）。而了解正压和负压的分布就可以积极主动地设计出屋顶的形状，有意地创造出风的流向趋势，减少风的荷载（如图4-32）。通常在西南亚地方很多建筑屋顶都配备有一个通风塔，将风引入室内，风经过室内的水体时通过汽化热而水则被冷却（如图4-33）。

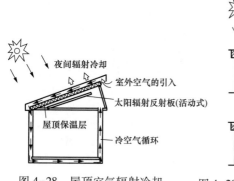

图4-28　屋顶空气辐射冷却

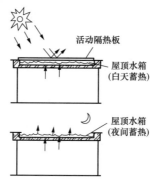

图4-29　屋顶水池或水箱冷却

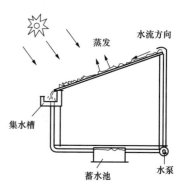

图4-30　屋顶洒水蒸发冷却

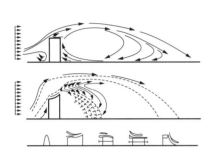

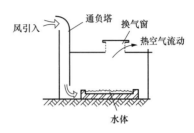

图 4-31　防风屋顶　　　图 4-32　屋顶形状对于采风的影响　　图 4-33　西南亚的加湿制冷
资料来源：http://www.topenergy.org。　　资料来源：http://www.topenergy.org。

（二）墙体部分进行被动式一体化设计的方法

在对墙体的一体化设计思考中，当然要遵循墙体本身的性质，并利用墙体的这些性质来进行设计。节能建筑中，墙体的作用大致可以分为：墙体的热辐射反射和散热；隔热和保温；集热与蓄热三大方面。又因为墙体的结构剖面组成不同，墙体"表面"的作用也就存在着差异：钢筋混凝土结构的墙体在夏热、冬冷、结露等情况下，热容量多起副作用；而用作隔热墙的墙体，由于有充足的隔热作用，所以夏季隔热，冬季保温。

1）在对墙体的热辐射反射研究方面我们可以发现，墙面受到太阳辐射量的多少会取决于墙面的倾斜程度。需要有太阳辐射的严寒地区和必须遮挡太阳辐射的酷热地区，墙面的倾斜角度正好相反。严寒地区就适合用墙面上斜而炎热地区就适合下斜（如图 4-34）。

而单单从墙体表面考虑，刷白色涂料的表面与刷暗色涂料的表面相比较，遮挡辐射的效果越大，表面的太阳辐射吸收率给室内带来的进入热量的差别就越显著。所以我们经常看到西亚和中东地区的建筑物呈现出一片白色的氛围（如图 4-35）。同时当地的一些建筑在前面设置开放式的回廊大门和乘凉用的走廊代替树木（如图 4-36）。

图 4-34　墙体倾斜　　　　图 4-35　外墙白色涂料　　　图 4-36　炎热地区回廊
资料来源：http://www.ideastorming.tw。　资料来源：http://www.arch-world.cn。　资料来源：http://www.ideastorming.tw。

2）在墙体的保温和隔热方面，一体化设计中通常会把两个方面结合起来互相配合以使设计的建筑具有更好的性能。这是位于炎热地区的建筑首先要考虑的设计因素。

在对墙体要求的热能特征中，有的是用墙体的形态来决定。在酷热地区和高温干燥地区，墙体的主要作用是隔热，有天井的住宅就可以充分发挥墙体的作用（如图4-37）。

在一些夏热冬冷的地区，为了在冬季利用太阳热能和营造一个温暖的室内环境，同时又在夏季利用蒸发冷却和地下热（冷源）等营造一个凉爽的室内环境，首先必须考虑的问题是冬季要尽量减少室内的热损失，夏季要尽量减少太阳辐射和从室外空气传入的热，隔热于是成为了最有效的方法。

我们将足够厚度的隔热材料用在墙体上时会产生以下效果：大幅度地减少冬季的热损失和夏季的热需要；由于室内表面温度能够保持在冬季高、夏季低，所以提高了热的舒适性；冬季的表面温度提高，不易结露。所以一些位于山地或坡地的建筑北侧窗户常常被加厚并且在北侧墙面外面用堆土来提高墙体的隔热性能（如图4-38）。

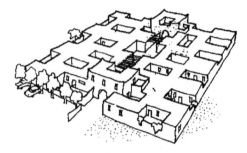

图 4-37 墙体形状带天井
资料来源：http://bbs.topenergy.org/。

图 4-38 北侧墙面附土
资料来源：http://bbs.topenergy.org/。

墙体的结露问题是一体化建筑设计当中必须考虑到的关键问题。在墙体当中设置空气层排热来防止结露；而外保温结构中，在隔热材料和保护层之间形成空气层来防止结露现象和起到排热的作用（如图4-39）。或者在墙体隔热材料的室内一侧，准确地设置防潮层，防止湿气的渗透，同时在室外层则要减少渗透阻力也可以有效地防止墙体内部结露发生（如图4-40）。而墙体隔热层内部防止产生气流隔热材料的原理就是用热导率小的材料防止空气流动，从而减少热量的传导（如图4-41）。

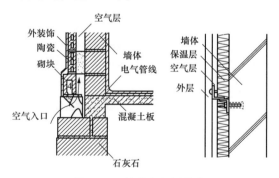

图 4-39 墙体空气层排热
资料来源：http://www.house-china.net/。

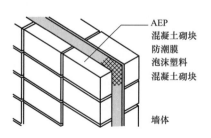

图 4-40 墙体内部防止结露
资料来源：http://www.tynbbs.com/。

通过在两面为清水混凝土的墙面上栽种攀缘植物来达到墙体隔热也是一种非常好的设计思想。夏季繁茂的枝叶遮挡着西晒。在叶子与墙面之间有几十厘米的空气层,进一步起到了隔热的作用。在冬季,叶子落下之后,只剩下枝条,白天墙体直接受到太阳辐射(如图4-42)。

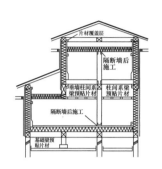

图 4-41　墙体隔热层内部防止产生气流
资料来源:http://www.gxcic.net/。

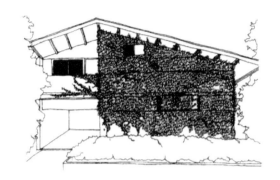

图 4-42　栽种攀缘植物
资料来源:国外建筑设计详图图集。

3)在墙体的集热与蓄热方面,通常是应用于位于寒冷地区的建筑设计或冬季较冷的地区建筑物上。

分析建筑物内的热能流动我们发现,太阳辐射热量一般是从南向北流动。被动式太阳能住宅的原理,就是以南面为集热面,将其他面的热损失控制到最低限度,中间为蓄热部位。而太阳辐射热集中起来传送到室内的结构形式可以有:将空气层的空气加热,使之进行自然循环的太阳能集热墙;使太阳辐射热穿过玻璃内侧的蓄热墙,慢慢地向室内散热的太阳能透射墙;使用透明隔热材料的墙体,在混凝土或砖墙的外侧贴上透明隔热材料,使室内的热不向室外散失(如图4-43)。

墙体的蓄热中可以利用混凝土等热容量大的材料储存很多热能,在热能要通过厚度很厚的热容量很大的墙体时,就会产生时间上的延迟。所以当冬季的太阳辐射角较低,墙体这样的垂直面就会有效地接受到太阳辐射热,也就可以利用墙体进行蓄热。而墙体的蓄热类型又可分为三种:直接型、间接型和混合型。

直接型是让太阳辐射直接进入到室内,让墙面和地面蓄热,是直接受热系统。而建筑外墙的室内一侧表面,既是受热面又是散热面。建筑使用热容量非常大的混凝土墙和地板蓄热,适合于较冷地区的建筑设计方案(如图4-44)。间接型是在朝南的玻璃面里侧设置隔热墙,其中有太阳能透射墙和水墙。在进行此类设计时,建筑的南面墙体可以全部或局部采用太阳能透射墙(如图4-45)。或在南面玻璃的内侧安装装有水的容器,在玻璃的外侧则用反射隔热板(如图4-46)。白天在蓄热墙的玻璃面一侧吸热,利用厚墙体的传热时间滞后,在夜间从室内一侧表面散热。而混合型是把直接型和间接型组合起来的类型。

在设计蓄热墙时要注意到:蓄热墙要设计成能够直接长时间地受到太阳辐射,受热面的太阳辐射吸收率和长波长辐射吸收率对蓄热墙的性能影响很大,要尽量增大吸收率。选用热容量大的材料,常用的建筑结构材料有混凝土、砖、石、混凝土砌块等。在能够得到充足的太阳辐射量时,蓄热墙的厚度越厚越好。蓄热墙的面积应该越大越好,对于抑制夜间的室温下降来说,蓄热体的面积比蓄热体的厚度更加有效。

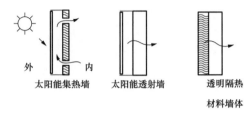

图 4-43　功能复合墙面的分类
资料来源：作者绘制。

图 4-44　直接墙体蓄热
资料来源：世界建筑。

图 4-45　太阳能透射墙
资料来源：世界建筑。

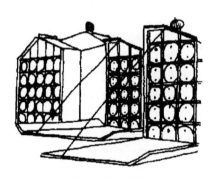

图 4-46　水墙
资料来源：http://www.ideastorming.tw/。

对于某些特殊用途的房间比如展览馆等要采用高侧窗的建筑中，从建筑高侧窗进入的太阳辐射热要设计成为可以直接到达房间深处，能直接提高北面蓄热墙体的温度（如图 4-47）。一些建筑为了躲避冬季的强烈季节风，尽量减少室内的热量损失，就在西北侧堆土，使之和屋顶连成一体，起到了很好的保温效果（如图 4-48）。

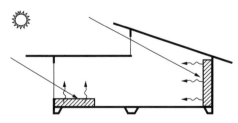

图 4-47　高侧窗墙体蓄热
资料来源：国外建筑设计详图图集。

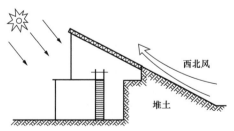

图 4-48　西北侧堆土减少室内热量损失

对于要采取双层墙体的建筑设计而言，把通气格栅和墙体组合起来形成双层墙体，冬季打开格栅用太阳光蓄热；夏季白天关闭格栅反射太阳光，夜间打开使墙体散热。双层墙之间的空气层通过空气自然循环达到保温效果，同时可以把集热室收集的热量送到地板下面的空间进行蓄热（如图4-49）。

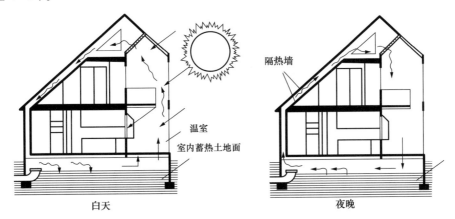

图 4-49　双层墙结构

资料来源：http://www.topenergy.org/。

（三）地板部分进行被动式一体化设计的方法

在地板的蓄热方面，给地板加热是最好的采暖方式之一。不管从房间的温度分布，还是从人的生活行为来看，用辐射热从下面加温的方法都是最有效的方法。人们熟知的蓄热材料有两种：一种是采用空气循环时使用的岩石（岩棉垫床），另一种是采用水循环时使用的蓄热池。地板或地板下面的蓄热，除从地板表面的直接辐射（地板采暖）之外，还可以通过不使用动力而是使用重力让空气产生循环。被动式太阳能住宅系统的地板蓄热，最大的优点就是有最理想的辐射面供采暖使用。

在建筑设计中最常见的直接地板蓄热，运用了钢筋混凝土主体结构热容量的直接受热体系，达到冬季的有效蓄热，通过屋檐和东西两侧的墙体来遮挡夏天的太阳辐射（如图4-50）。

在对地板的处理方面我们可以采用地板下岩棉垫床、地面基层上铺设高效保温隔热材料和将加热盘管置于保温层与饰面层之间的几种方法。温室地板就是利用把温室的热空气循环到地板下面的岩棉垫床里进行蓄热，通过室内地板的辐射热进行采暖（如图4-51）。同时地板下面空间利用把集热室产生的热风循环到地下室，用地下室的墙体和地板进行蓄热（如图4-52）。湿式太阳能辐射采暖地板则在建筑物地面基层上铺设高效保温隔热材料和铝帛反射层，然后将盘管按照一定间距

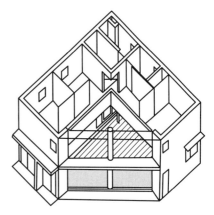

图 4-50　直接地板蓄热

资料来源：建筑设计资料集。

固定在保温材料上，最后铺设混凝土填充层和面层（如图4-53）。而干式太阳能辐射采暖地板将加热盘管置于基层上的保温层与饰面层之间无任何填埋物的空腔中，不破坏地面结构，特别适用于建筑物的太阳能地板辐射改造（如图4-54）。

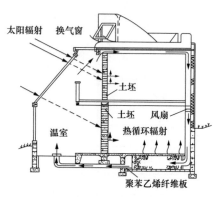

图 4-51　温室地板利用
资料来源：http://bbs.topenergy.org/。

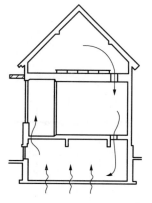

图 4-52　地板下面空间利用
资料来源：建筑设计资料集。

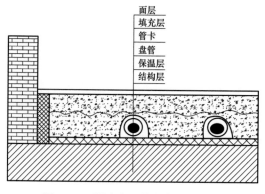

图 4-53　湿式太阳能辐射采暖地板

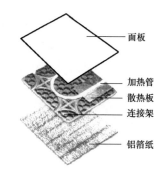

图 4-54　干式太阳能辐射采暖地板
资料来源：http://www.btsolar.com/bbsxp。

　　在设计中遇到特别炎热的地区时，可以将建筑地板架高，从地板下面把空气引入到室内，然后再由建筑中庭的上部排出室外（如图4-55）。或采用地板下面进风的方式，将地板架高，风会从平台的下面进入到室内，穿过地窗和铺条板的地下空间后，排出到室外，在夜间可以使冷却下来的地表附近的室外空气自然进入到室内（如图4-56）。

　　（四）窗户部分进行被动式一体化设计的方法

　　窗户作为建筑物必不可少的构件，在隔热、保温方面同其他构件相比，窗户的总传热系数最大，进出室内外的热能也最多，因此我们需要格外注意。

　　从窗玻璃进入室内的太阳辐射热被地板等吸收之后，成为热源，在冬季起了自然采暖的作用。普通的窗玻璃厚度约为5～10mm，与其他的墙体相比显得十分薄。虽然玻璃本身的热导率并不很大，但由于作为建筑部件使用时的厚度很小，为了提高玻璃的隔热性，基本上都是采用双层

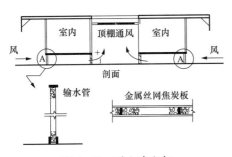

图 4-55 引入冷空气

资料来源：日本建筑技术图集。

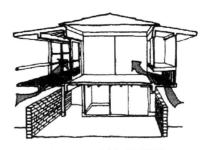

图 4-56 地板下面进风

资料来源：日本建筑技术图集。

中空玻璃。在热散失上，双层中空玻璃比单层透明玻璃可减少大约 1/2 的热散失。如果在双层中空玻璃的内侧贴上低辐射薄膜，还能进一步提高隔热性。

　　除去玻璃部分之后，窗框的面积约占窗户全部面积的 10% ~ 15%。为了提高窗户整体的隔热性，不仅要控制玻璃部分的总传热系数，还要注意窗框的隔热性。为了提高窗户的隔热性，可以采用把窗玻璃全部堵起来的方法。

　　通过设置隔热窗户，不仅改善窗户的冷辐射和从窗户到地板表面的热环境，还能缩小地板表面与顶棚部分的温度差别。即使在冬季室外气温低、太阳辐射少的白天，在室外气温非常低的夜间，通过使用特制的隔热窗户板，还是能够控制室温的降低、冷气流动和冷辐射的。我们可以使用的特制隔热窗户板有热感应隔热窗户板、透明隔热玻璃和多层玻璃木窗等。

　　热感应隔热窗户板是将氟利昂充入密封的气缸中，利用气体在热力作用下产生的膨胀力和收缩力开关百叶窗，可以作为温室排热窗户（如图 4-57），它在大型公共建筑中经常被使用。而透明隔热玻璃是在高温下把凝胶状的二氧化硅干燥制成，主要由肉眼看不到的微小气泡组成，太阳辐射透射率相当高，隔热性非常好。也可以被用做兼具采光要求的外墙材料（如图 4-58）。在特别寒冷的地区，一般会在双层中空玻璃的内侧又增加一层玻璃，组合在保温性能良好的木窗框中，成为三层玻璃木窗（如图 4-59）。

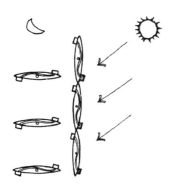

图 4-57 热感应隔热窗户

资料来源：日本建筑技术图集。

图 4-58 透明隔热玻璃

资料来源：www.eduzhai.net。

图 4-59 三层玻璃木窗

资料来源：www.arch-world.cn。

（五）建筑出入口部分进行被动式一体化设计的方法

在建筑出入口热控制方面，开闭时必然伴随室内外空气的交换，产生热损失。因此要在通行顺畅的同时将换气量控制到最小。作为活动部分的门，即使是关闭状态下也会有缝隙，所以还必须尽量防止由缝隙漏风造成的热损失。一般情况下，伴随门的开关产生的换气量，是门在关闭状态下由缝隙产生的换气量的2~3倍。

对于住宅出入口的设置，为了防止风直接吹进住宅，入口一般都背着季节风的方向（如图4-60）。当只能把出入口设置在容易受到季风影响的位置上时，必须设置挡风设施。例如在室内与室外之间增设防风室作为缓冲带建成有两道门的出入口。也可以将住宅入口降低，使之低于居室的高度，形成水平面的高差，可以防止冷空气进入室内（如图4-61）。这是一般在寒冷地区采用的方法。很多规模较大的建筑和公共建筑也采用旋转门兼作防风室来提高建筑物的气密性，减少室外空气的侵袭，减轻采暖的负荷，还能提高隔声性能（如图4-62）。

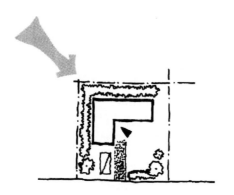

图4-60　住宅出入口设置

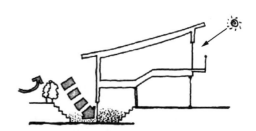

图4-61　降低住宅入口
资料来源：国外建筑设计详图图集。

（六）建筑物表面进行被动式一体化设计的方法

建筑物的热交换都通过建筑物的表面来进行。建筑物的窗户面积、外墙面积以及屋顶面积之和就是表面积。室内与室外的热传递，主要是在这个部位进行。在采暖时，室内的热损失与建筑物的表面积是成正比；在利用太阳辐射取暖时，就要考虑到太阳的高度、照射的方位等，此时扩大表面积是有利的。从采光和扩大视野的角度来看，表面积越大越好。在考虑夏季通风时也一样，表面积越大，就越容易把开口部分做大，有利于通风。增加外墙的表面积可以通过在灵活开口的多孔空间结构和阶梯式建筑特点的集合住宅中实现，内外部空间、公共私人空间相互交错，使风穿过建筑物（如图4-63、图4-64）。

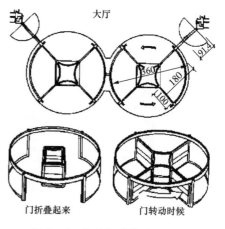

图4-62　旋转门兼作防风室
资料来源：日本建筑技术图集。

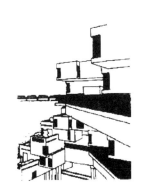

图 4-63　增加外墙的表面积
资料来源：日本建筑论稿。

图 4-64　增大建筑的表面积
资料来源：杨经文作品集。

　　事物都是两面的，增大建筑物的表面积也不可避免地存在着优点和缺点：增大与室外空气的接触面积，可以用散热来冷却，但会增大热损失量；增大日照面积，可以增大太阳辐射量的接收，但会增大背阴量；而增大朝向天空的面积，在夜间辐射时就可以用散热来冷却。

　　因此在许多东南亚等气候炎热的国家中，高架式住宅非常普遍，建筑六面与室外空气接触，表面积大，易于设置开口和通风。地板下面的空间也能保证有充分的通风。将建筑架高形成架高阁楼对于防止夏季的潮湿和反射太阳辐射也具有很好的效果（如图 4-65）。

　　而在许多坡地建筑中经常看到的层叠联立式建筑中，可以比普通建筑物减少很多的外墙面积，如果用土来覆盖建筑的屋顶，就兼具遮挡太阳辐射和遮断室外气温变化的作用（如图 4-66）。半地下结构与室外空气的接触面积小，热量损失少，室内温度稳定，如建筑物的西北侧单独埋入地下可以保持很好的居住舒适度（如图 4-67）。

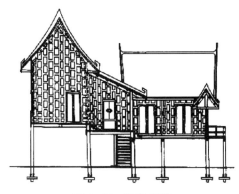

图 4-65　架高阁楼
资料来源：图说建筑历史。

图 4-66　层叠联立式建筑
资料来源：http://www.nishi-sekkei.jp。

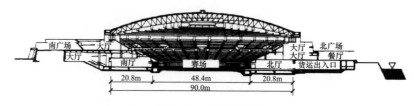

图 4-67 半地下结构

资料来源：日本建筑技术图集。

（七）建筑物在通风换气方面被动式一体化设计的方法

建筑物的通风换气在建筑设计乃至一体化节能设计方面始终保持着相当重要的位置。在建筑物的通风换气方面，又因建筑物的高度和气密性的变化，有不同的处理方法。现代建筑为了达到室内空间的密闭性必须设置合理而高效率的通风和换气设施。在夏热冬暖地区，如何用较小的热量损失或避免较多的热量侵袭就成为被动式太阳能一体化建筑设计中今后要努力研究的问题。

建筑的通风换气设计中要考虑到的因素有风向、天窗或气窗的设置、通风口的设置以及中庭和采光井的设置等。

在风向因素中首先要利用当地盛行风力。换气要注意配合风向，而在夏热冬暖地区利用温差换气则要注意把开口部位设置在尽可能高的位置，利用浮力排除在顶棚附近的热空气，或用天窗排除热空气。因为度夏的方式不同，通风换气的设计就不大相同。在夏季用空调设备的建筑中，其实减少开口部位就可以成为节能的建筑物。尽量利用自然换气的方式就是我们建筑物通风换气设计要努力达到的目标。

在天窗和气窗的设置方面，可遥控换气窗适合在超高层建筑物中，能够缩短空调的运行时间，在窗户的立框上，利用铰接结构安装高密封的换气窗，可以在中央控制室遥控开闭（如图 4-68）。而开关式天窗适合于较大型的体育场馆的屋顶，大部分为电动开关式天窗，利用室内外温差进行自然换气通风（如图 4-69）。

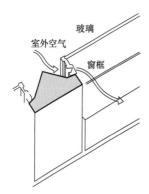

图 4-68 可遥控换气窗

资料来源：http://www.sidite-solar.com。

图 4-69 开关式天窗

资料来源：日本建筑论稿。

在通风口的设置方面，将通风口设置在建筑物的接近地板处，利用冷热空气的重力差，更易于引进冷风（如图4-70）。或在建筑物室内利用南北方向上的梁形空洞形成通风口，使空气由此穿过，把室外空气引入室内（如图4-71）。或利用建筑物高度和温差换气，随着建筑物的高度增加和气密性的提高，温差引起的换气量就会增大，在建筑物的上部或下部设置适当的开口可以在夏季得到良好的通风效果（如图4-72）。被动式太阳能建筑中换气可在墙面上设置换气口，冬季时由于室内外温差导致室外空气从下层进入室内，然后再从上层排出到室外（如图4-73）。

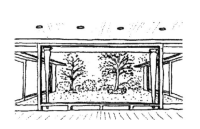

图4-70 接近地板处设置通风口
资料来源：建筑设计资料集。

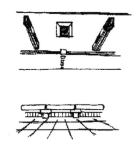

图4-71 建筑物室内有通风口
资料来源：建筑设计资料集。

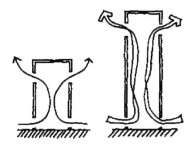

图4-72 建筑物高度和温差换气
资料来源：http://www.arch-world.cn。

在大型公共建筑中经常见到的中庭或采光井方面。建筑物内采光井换气适合于较高层建筑物内，利用采光井上下层的气压差进行办公室的换气（如图4-74）。上下贯通空间通风是通过增大房间的实际面积，在上下贯通的建筑空间里面，分别在上下设置换气窗，利用温度差进行自然换气（如图4-75）。或在较高层建筑物内制造气流通道，预先设置好风的通道，巧妙地利用产生在建筑物各部位上的风压差，把内走廊和中庭广场等公共空间作为自然风的通道，气流的流动带动了户内的通风，在夏季不仅给室内换气，还可以用作降低体感温度时的冷却通风使用（如图4-76）。

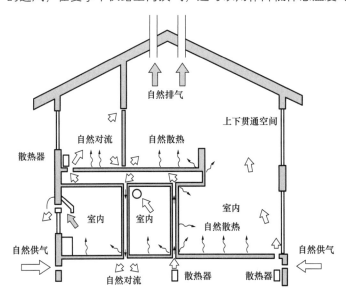

图4-73 被动式太阳能建筑换气
资料来源：太阳能建筑设计。

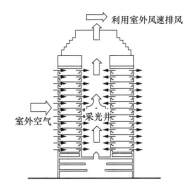

图4-74 建筑物内采光井换气
资料来源：建筑规划设计系列丛书。

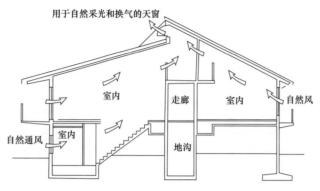

图 4-75　上下贯通空间通风
资料来源：日本建筑技术图集。

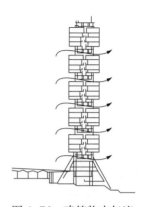

图 4-76　建筑物内气流
资料来源：http://bbs.topenergy.org/。

　　气流的运动可以通过热压或风压来完成。热压作用下的自然通风中庭贯穿整个建筑，利用中庭热空气上升的拔风效应来为其他房间通风，中庭将外界的空气吸入基座层，然后再流经跟中庭相通的各层房间楼面，最后从屋顶风塔和高层的气窗排除（如图 4-77）。而风压作用下的自然通风通过建筑造型设计，形成在下风处的强大风压，通过调节百叶的开合和不同方向上百叶的配合来控制室内气流，从而实现完全被动式的自然通风、降温、降湿，达到节约能源的目的（如图 4-78）。风压、热压同时作用的自然通风在建筑自然通风设计中，风压通风和热压通风互为补充，在建筑进深较小的部分多利用风压来直接通风，而进深较大的部位则多利用热压来达到通风效果（如图 4-79）。典型的范例就是太阳能烟囱：太阳能烟囱能捕风并将风送入室内，或者利用在风帽附近形成的负压带动室内自然通风，烟囱可由重质材料建造也可由轻薄的金属板材制成，烟囱突出屋面一定高度，利用合理的风帽设计和捕风口朝向在烟囱口形成负压，能将热气及时排除，或将高于屋面的更凉爽的风送入室内（如图 4-80）。

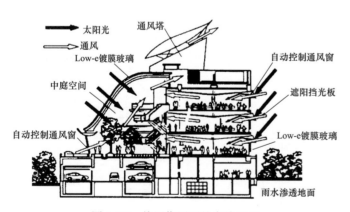

图 4-77　热压作用下的自然通风
资料来源：日本建筑技术图集。

图 4-78　风压作用下的自然通风
资料来源：伦佐·皮亚诺作品集。

86

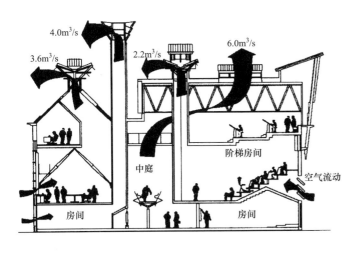

图 4-79 风压、热压同时作用的自然通风
资料来源：国外建筑技术详图图集。

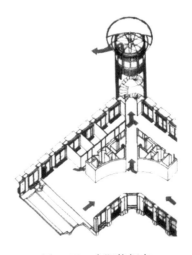

图 4-80 太阳能烟囱
资料来源：http://bbs.topenergy.org/。

（八）建筑物在应对太阳辐射方面被动式一体化设计的方法

地面等吸收的太阳辐射最终要变成热能。如果从热的方面来看太阳能，控制太阳辐射的方法，可分为获取热和遮挡热两种。

获取热方面，在积极地利用太阳辐射进行自然采暖时，关键是要用热容量大的构件尽量多的吸收太阳辐射，并且要长时间地让太阳照射。

遮挡热方面，遮挡太阳辐射的方法有用窗玻璃自身的材质遮挡和用遮阳罩遮挡。为了有效地遮挡太阳辐射，如果是全年主要太阳朝向正对着窗户面，最好使用水平型的遮阳罩。另外，格子型的遮阳罩对太阳辐射的遮挡效果很好，并且还比较容易从室内向室外的远处眺望。竹帘和卷帘等对遮挡夏季早晨的东晒和傍晚的西照都很有效果。另外热反射玻璃和热吸收玻璃虽然不如外部遮阳罩的效果好，但能在一定程度上遮挡住太阳辐射，这两种玻璃的太阳辐射透射率低，所以能够减少进入室内的太阳辐射量。

拿现在市场上最普遍的遮阳罩为例，可以分为水平、垂直、格子式和表面式等类别。水平遮阳罩采光条件优良，通常安装在阳台、屋檐、百叶式挑檐、格子百叶窗式挑檐、壁梁上。垂直遮阳罩采光条件要有指向性，容易安装和做成活动结构，对东西方向有效，通常安装在侧梁和深柱墙上；格子式遮阳罩遮挡率高，难以安装活动结构，通常安装在侧墙、阳台、格子墙体和厚窗户上；而表面遮阳罩在视觉效果上容易做成围墙。

因此我们在建筑设计中可以采用多种方式来控制太阳辐射。可以把玻璃窗面从墙体向室内后退，从而控制入射室内的阳光。在东、西墙面上增设翼墙，不仅可以遮挡来自东、西两个方向的太阳辐射，同时还可以采光（如图4-81）。如在炎热地区的玻璃覆盖建筑物上面增设巨大凉棚挑檐，在白天太阳高度升高的夏季，还是有遮挡太阳辐射的效果（如图4-82）。将中庭应用在中层建筑物中，每层相互交错布置的中院，都兼作下层建筑的出檐（如图4-83）。在屋顶上用藤蔓棚作凉亭遮挡直射阳光，同时达到通风的目的，不仅能控制太阳辐射热，而且还有利于通风

（如图4-84）。在建筑屋顶上的钢架上爬慢攀缘植物，遮挡了太阳辐射，在钢架和屋顶之间的空气层具有排热作用（如图4-85）。当然我们也可以在窗户一侧装置百叶窗来遮挡太阳辐射，外装式百叶窗下段的窗面可以左右活动，可以根据太阳的位置和室内的状况适当地遮挡太阳辐射，同时还有遮蔽外来视线的作用（如图4-86）。而格子式百叶窗放在屋顶上面，当太阳升高之后，虽然直射光会直接透过百叶窗，但也有适当缓和太阳辐射的效果。

图4-81　利用窗户形状控制太阳辐射

图4-82　利用凉棚挑檐控制太阳辐射

图4-83　利用中庭控制太阳辐射

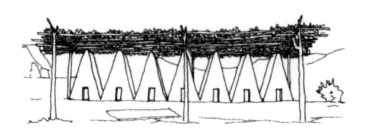

图4-84　利用遮阳幕控制太阳辐射
资料来源：国外建筑设计详图集。

　　建筑物在考虑调节热环境的时候，如何控制从前院等反射过来的太阳辐射很重要。如果阳光直射强烈，阳光的反射也会很强烈。对于阳光辐射的反射，需要采取种种遮挡措施。阳光辐射的反射控制方法有：通过在前院种植大树和藤架的方法来控制照射在反射面上的阳光辐射；利用草坪等在四季的变化选择阳光辐射反射面的材料；利用百叶窗等接收阳光辐射的反射面控制阳光辐射的反射。

图 4-85　凉亭式大屋顶
资料来源：http://www.arch-world.cn。

图 4-86　外装百叶窗控制太阳辐射
资料来源：http://www.arch-world.cn。

对于大型的建筑群体设计而言，建筑物群体集成效果在高温地区的一种传统建筑形式是：把中小型的建筑空间集中起来形成很大的组团建筑群，来遮挡住室外的空气侵袭，把受太阳辐射的面积减少到最小，形成的中庭通过阴凉、水以及对热风的遮挡形成一种缓冲空间（如图 4-87）。

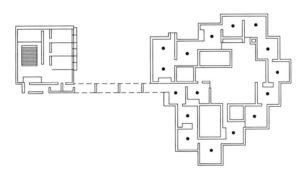

图 4-87　建筑物群体集成效果
资料来源：国外建筑设计详图集。

（九）建筑物在应对白昼光方面被动式一体化设计的方法

要使白昼光获得有效利用，以获得舒适的光环境，在一体化设计中必须注意到要确保必要的光量，减少依赖电灯照明的比例，并且与太阳能的热利用联系起来。在冬季获取充足的太阳辐射的同时，尽量处理好眩光的问题；在夏季利用白昼光确保充足亮度的同时，防止多余的太阳辐射进入室内。

利用直射阳光照明的方法，可大致分为直接纳入光的方法和利用反射光的方法。

在直接纳入光的方法中，利用天窗、采光井和中庭的采光是很普遍地。顶部采光利用外墙上的反光板和顶棚的坡度进行室内的白昼光照明（如图 4-88）。而聚光屋顶采光则是利用中庭采光的典型，不仅是要把亮光引入室内，还要成为四季的热量缓冲地带（如图 4-89）。

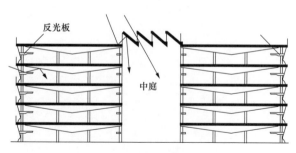

图 4-88 顶部采光

图 4-89 聚光屋顶采光

在利用反射光的方法中，一般是使用遮帘反射，但也有用反光板的，也就是让窗户的上部向外倾斜，利用地面上的反射光。还有在屋顶上安置集光器，通过导光管也能把光引入到室内。还有一种方法是使用卷帘等安装在窗户上的遮阳罩，把直射阳光变成扩散光引入到室内。其采光板工作原理是室外直射辐射通过较小的上部窗户开口被采光板反射到室内顶棚，经过顶棚的散射反射，均匀地照亮离窗口较远处的区域（如图 4-90）。传统建筑挑檐遮阳在夏季遮挡了直射的阳光辐射，而把地面反射的光线折射到室内顶棚上（如图 4-91）。底部采光向外侧挑出的屋檐完全遮挡住了直射阳光，地表反射的光又入射到室内屋顶上，就是利用地面的反光（如图 4-92）。反光板采光通过特殊形状的采光板可以产生积极利用天光的建筑空间（如图 4-93）。

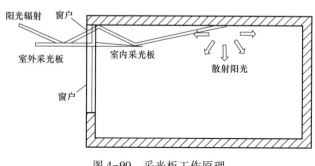

图 4-90 采光板工作原理

资料来源：http://www.arch-world.cn。

图 4-91 传统建筑挑檐遮阳

资料来源：日本传统建筑。

（十）环境和建筑物被动式一体化设计方法的相互影响

位于不同地区的建筑物要承受不同的气候条件，建筑物接受阳光照射的情况与地形地貌密切相关，基地应选择在向阳的平地或坡地上，以争取尽量多的日照，为建筑单体的热环境设计和太阳能应用创造有利的条件（如图 4-94）。寒冷地区的建筑设计还要注意避免霜冻效应，建筑物不宜布置在山谷、洼地、沟底等凹形场地中，基地中的槽沟应处理得当，凹地在冬季容易沉积雨雪，寒冷空气也会在凹地沉积形成霜冻效应（如图 4-95）。

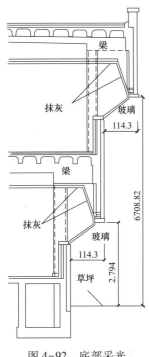

图 4-92　底部采光
资料来源：国外建筑设计详图图集。

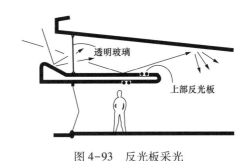

图 4-93　反光板采光
资料来源：http://bbs.topenergy.org/。

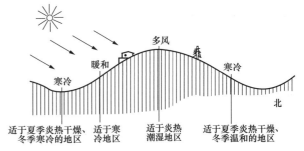

图 4-94　气候条件不同对基地选择的影响
资料来源：太阳能建筑设计。

夏季高温多湿，为了营造出舒适的室外生活，最为一般的方法是充分利用树木。树木是天然的太阳辐射热集热器，包括树木在内的所有植物在生长过程中又都离不开太阳能。植物通过太阳能进行光合作用，由二氧化碳转换成氧气后，散发到空气中。树木是遮挡太阳光和辐射热的有效工具，自古以来就被用于室外的环境设计。植物遮挡建筑南面的落叶乔木在夏季可以起到很好的遮阴作用，但在冬季也会遮挡很多的阳光，树木高度最好控制在太阳能采集边界的高度以下，或者剪掉低矮的枝叶，在遮挡夏季阳光的同时也可以在冬季使阳光照射到建筑南墙上（如

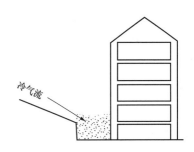

图 4-95　避免霜冻效应
资料来源：太阳能建筑设计。

图 4-96）。在住宅设计中，必须考虑到夏季的西晒。这是因为下午 2 时左右气温最高，西墙受太阳辐射最多，室内气温也升高。所以，在室外的环境设计中，常常在西墙外种植爬墙的爬山虎或在建筑物的西侧种植树木。虽然独木的作用不大，但种有多棵树木时，却有降低气温的作用。树木遮挡了太阳对地面的辐射，树下的地面温度明显地低于没有树木的地方，树林内形成了低温、高湿的区域。树木还有降低室外体感温度的效果。也可以将绿色植物与建筑物结合在一起，形成公共建筑物中较大的外墙面，内部就容易受到室外气温变化和太阳辐射的影响。在建筑的中庭或屋面栽种落叶植物，夏季防止太阳辐射，冬季由于树叶脱落，太阳辐射可以充分照射在建筑物

上（如图4-97）。利用植物控制太阳辐射可在建筑物的外围空间栽种植物，利用植物绿叶的蒸发作用和四季变化的落叶现象来控制太阳辐射（如图4-98）。

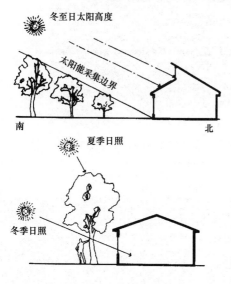

图 4-96　植物遮挡
资料来源：太阳能建筑设计。

图 4-97　绿色植物与建筑物的结合
资料来源：http://www.energyonline.cn。

在一些临水面的建筑设计中要防止水面产生的阳光辐射反射，在水面上方的阳光入射角度过大时，水面的反射率就会增大，要用树木或盆栽植物等防止阳光辐射反射（如图4-99）。

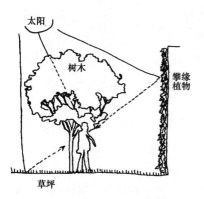

图 4-98　利用植物控制太阳辐射
资料来源：建筑设计资料集。

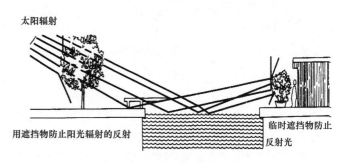

图 4-99　防止水面产生的辐射阳光反射
资料来源：建筑设计资料集。

第三节　被动式太阳能一体化设计案例

1. 美国绿色森林别墅（如图4-100）

别墅坐落在美国纽约，阿默甘西特的一片森林中，场址上以前是一栋橡子房屋，设计师被业主要求设计一座现代的独栋别墅来代替原始房屋，别墅的设计必须要尽量注意能源的使用和可持续性问题。

(a)　　　　　　　　　　　　　　　　　(b)

图4-100　绿色森林别墅

建筑南向设计为深远的出挑，夏季配合建筑外的落叶乔木为室内空间提供遮挡，避免直射光的进入；而冬季高热量低入射角度的阳光会射入室内，并被为蓄热材料的地板吸收大部分热量用于加热室内温度。同时屋顶设太阳能光伏板，北侧做实墙，开小口通风。

2. 上海莘庄生态示范办公楼

2004年9月，"上海生态办公示范楼"落成于上海市建筑科学研究院莘庄科技园区，总建筑面积1994m^2，主体为钢混结构，南面2层、北面3层；西侧为建筑环境实验室，东侧为生态建筑技术产品展示区和员工办公区，中部为采光中庭与天窗，如图4-101所示。

建筑从节能和舒适的角度考虑，优先采用了被动的通风方式，为室内的热环境提供了"绿色"的保障。利用室外气流，通过热压通风和风压通风相结合的方式带走室内产生的余热，缩短了空调系统的运行时间。运用CFD模拟分析技术，确定并优化室内合理的气流组织方式。在建筑北部顶端设计深色的玻璃"烟囱"，并在中庭内开启多处通风通道，起到烟囱效应；同时尽量使建筑位置沿夏季主导风向进行设计，在建筑外立面的正压区和负压区的适当部位开窗，起到通风口的作用，增强室内穿堂风的冷却效果。

生态楼围护结构节能设计主要包括墙面、屋顶、门窗的保温隔热设计以及建筑外窗的遮阳

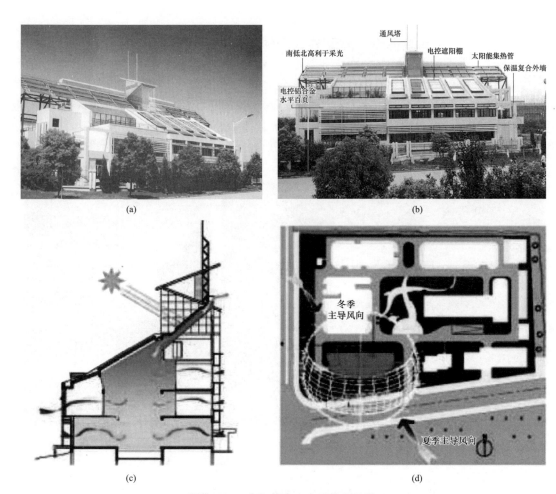

图 4-101　上海莘庄生态示范办公楼

设计。对外墙，参考欧洲建筑节能设计标准，针对该楼的不同朝向，分别采用了多种外墙外保温体系。生态办公楼的屋面结构包括平屋面和坡屋面，屋面的节能措施分为两种平屋面保温体系和一种坡屋面保温体系。此外，平屋面均采用屋顶绿化技术，结合保温材料和防水技术，达到了节能和改善顶部房间室内热环境的良好效果，同时有利于减弱建筑物的热岛效应。对外窗，在提高保温隔热性能的同时，重点考虑其遮阳效果，对窗墙面积比较大的南向外窗（达 0.59）以及开窗面积较大的天窗（达 100m² 以上）还采用了多种外遮阳措施，实现冬季最大限度利用太阳能、夏季遮挡太阳辐射的作用，同时基本满足了室内的自然采光。

3. 法兰克福商业银行总部大厦

德国法兰克福的商业银行总部大厦（Commerzbank Headquarters，Frankfurt，Germany），1994年由英国的福斯特联合建筑事务所设计（1997 年竣工），它是高层绿色建筑的一次成功的尝试。这座 53 层，高 298.74m 的三角形高塔是世界上第一座高层生态建筑，也是全球最高的生态建筑，同时还是目前欧洲最高的一栋超高层办公楼，如图 4-102 所示。

94

大楼和商业银行旧楼毗邻而建，并对周边原有建筑进行了维护和完善。在新建筑和城市街区交接的部位，设计了新的公共空间——一个冬季花园作为过渡，在花园内设有餐馆、咖啡馆以及艺术表演和展示空间。大楼的群房内设有综合性商场、银行和停车场。环三角形平面依次上升的半层高高架花园，使大厦又宛若三叶花瓣夹着一枝花茎。"花瓣"是办公区域，而"花茎"则是一个巨大的、自然通风的中庭。多个 4 层高的空中花园沿着中庭螺旋而上，不仅为办公人员提供了舒适的绿色景观。同时，塔内每间办公室都设有可开启的窗以享受自然通风，从而避免了全封闭式办公建筑的昂贵开支。电梯、楼梯间和服务用房被成组放置在大楼的三个角部，使村落般散置的办公室和花园更具整体性。成组的巨柱支撑着横梁，办公室和空中花园都不受结构构件的干扰。

整座大厦除非在极少数的严寒或酷暑天气中，全部采用自然通风和温度调节，将运行能耗降到最低，同时也最大限度地减少了空气调节设备对大气的污染。该建筑平面为边长 60m 的等边三角形，其

图 4-102　法兰克福商业银行总部大厦

结构体系是以三角形顶点的三个独立框筒为"巨型柱"，通过八层楼高的钢框架为"巨型梁"连接而围成的巨型筒体系，具有极好的整体效应和抗推刚度，其中"巨型梁"产生了巨大的"螺旋箍"效应。49 层高的塔楼采用弧线围成的三角形平面，三个核（由电梯间和卫生间组成）构成的三个巨型柱布置在三个角上，巨型柱之间架设空腹拱梁，形成三条无柱办公空间，其间围合出的三角形中庭，如同一个大烟囱，如图 4-103 所示。为了发挥其烟囱效应，组织好办公空间的自然通风，经风洞试验后，在三条办公空间中分别设置了多个空中花园。这些空中花园分布在三个方向的不同标高上，成为"烟囱"的进、出风口，有效地组织了办公空间自然通风。据测算，该楼的自然通风量可达 60%。三角形平面又能最大限度地接纳阳光，创造良好的视野，同时又可减少对北邻建筑的遮挡，如图 4-104 所示。因此，大厦被冠以"生态之塔"、"带有空中花园的能量搅拌器"的美称。

除了贯通的中庭和内花园的设计外，建筑外皮双层设计手法同样增加了该高层建筑的绿色性，外层是固定的单层玻璃，而内层是可调节的双层 Low-E 中空玻璃，两层之间是 165mm 厚的中空部分，室外的新鲜空气可进入到此空间，当内层可调节玻璃窗打开时，室内不新鲜的空气也进入到这一中空部分，完成空气交换。在中空部分还附设了可通过室内调节角度的百叶窗帘，炎热季节通过它可以阻挡阳光的直射，寒冷季节又可以反射更多的阳光到室内。

大厦外壳局部生态设计采用不同外墙开口，结合架空地板，加上风扇、吸声材料、过滤材料等简单材料与设施措施，形成能满足多功能的"可吸收外墙"，从而使室内外空气、水分通过墙体上的穿孔得到交换，在平衡和调节温湿度的同时，过滤灰尘减少噪声。

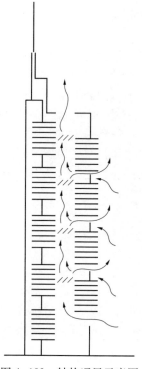

图 4-103　结构通风示意图

图 4-104　内部大空间

　　上述种种自然通风、采光方法，以及智能控制技术等在法兰克福商业银行总部大厦中的综合应用，使得该建筑自然通风量达 60%，这在高层建筑中是非常难得的，大厦因此也成为欧洲最节能的高层建筑之一。

第五章　主动式太阳能光伏的一体化设计

传统观念认为，太阳能建筑就是经过设计能直接利用太阳能进行采暖或空调的建筑。随着太阳能利用科技水平的不断提高，太阳能建筑已经从简单地利用太阳能发展到可以集成太阳能光电、太阳能热水、太阳能吸收式制冷、太阳能通风降温、可控自然光等新技术的建筑，其技术含量更高，适用范围更广。

主动式太阳能建筑，是以太阳集热器、管道、风机或泵、散热器及储热装置等组成的太阳能采暖系统或与吸收式制冷机组成的太阳能供暖和空调的建筑。

第一节　一体化设计的方法及要点

一、一体化整合设计要点

适合满足太阳能设计和安装的气候条件：年日照时数大于 1200h，年太阳辐射量大于 3500MJ/m²，年极端气温不低于−45℃。住宅建筑的朝向、间距及建筑形体组合，应结合场地的地形、日照和风向条件。安装集热器的住宅，主要朝向宜朝南，建筑组合应互不遮挡，在不影响场地利用效率的前提下，为充分接收太阳辐射创造条件。建筑间距要考虑满足集热器不少于 4h 日照时数的要求。建筑物周围的环境景观与绿化种植不应对投射到集热器上的阳光造成遮挡。应用太阳能热水系统的建筑要考虑设备安装不应影响相邻建筑的日照标准。

而主动式太阳能利用技术建筑设计中要注意以下几个方面。建筑方案设计与太阳能热水系统方案设计同步进行。集热器常见的设置位置有建筑的屋面、外墙面、檐口、阳台以及建筑雨篷、遮阳板等位置。建筑设计应避免安装集热器部位的建筑自身及周围设施的遮挡，以满足集热器不少于 4h 日照时数的要求。集热器应在安装部位、造型、材质、色彩等方面与建筑整体及周围环境相协调。应该根据集热器的形式、安装面积、尺寸大小进行细部设计，确定在建筑上的安装位置和安装方式。布置在建筑屋面、墙体、阳台或其他位置的集热器与建筑共同构成围护结构时，应与建筑整体构造有机结合，来满足该部位围护结构功能和建筑保温隔热或防水方面的要求。设置在建筑上的集热器要与建筑锚固牢靠，同时不影响该建筑部位的承载、防护、保温、防水、排水等建筑功能。建筑设计要对安装集热器的部位采取防护措施保证安全不被破坏。

现在常见的住宅集热技术体系有集热屋面式住宅技术体系和空气集热器式住宅技术体系等。在集热屋面式住宅技术体系中，冬季室外空气被引入经屋顶上的玻璃集热板加热后上升到屋顶高处，通过通气管和空气处理器进入地下室以加热室内水泥地板，同时把热空气从地板通风口送入室内；也可在加热室外新鲜空气的同时加热室内冷空气（如图 5-1）。而空气集热器式住宅技术体系是在建筑的向阳面设置太阳能空气集热器，用风机将空气通过碎石蓄热层送入建筑物内，并与辅助热源配合（如图 5-2）。

在住宅平屋面上设置集热器，集热器可与女儿墙、楼梯间、构架等元素组合，创造出多样的造型。设置时应符合以下要求。集热器在平屋面应整齐有序排列，前后两排之间应留有足够的间距，以满足当地4h的集热器日照要求；集热器支架应通过预留的基座与屋面连接牢固；在住宅坡屋面上设置集热器，主要是利用建筑物的南向坡面，根据集热器接受阳光的最佳倾角，即当地纬度±10°来确定坡屋面的坡度，如建筑设计对坡屋面的造型或空间有特殊要求，也可以根据坡屋面的坡度调整集热器角度。而在坡屋面上设置集热器可采用屋面一体型、叠合型、支架型等设置方式。住宅楼梯间宜通至上人屋面，或在楼梯间顶层设屋面上人孔和设置可靠的安全设施，作为安装、检修之用。

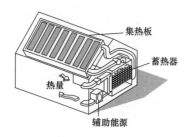

图5-1　集热屋面式住宅技术体系
资料来源：太阳能建筑一体化研究应用及实例。

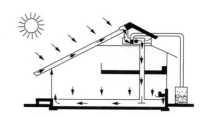

图5-2　空气集热器式住宅技术体系
资料来源：太阳能建筑一体化研究应用及实例。

二、建筑立面集热器的设计方法

应适合住宅建筑的特点，利用集热器作为立面元素的重复变化来营造建筑立面的韵律感和节奏感。在低层住宅设计中着重考虑其造型、材料特点，灵活地变化集热器形状、构造，直接构成建筑屋面、雨篷等构件，使太阳能构件积极地融入建筑主体。而在多层建筑设计中，应着重营造适合集热器的屋顶造型和体量，尽量利用屋顶空间暗装设备管线，尽量创造南向的坡屋面以满足设备集热器的面积要求，也可以利用屋顶构件、退台、檐口设置集热器，排列形成一定的韵律感。在高层住宅设计中，由于管线长和住户密度大的原因，集热器大多安装在墙面和阳台，屋顶的自然循环式集热器只能供上部几层住户使用。应利用集热器加强立面垂直韵律感，集热器可以集中连续布置，也可结合窗或阳台的处理形成竖向的划分；水箱应放置在室内或阳台内，以免破坏立面效果。

三、建筑屋面集热器的设计方法

太阳能热水器系统在平屋顶安装时，应当尽量减少水平管道的长度，以增加热能的利用效率。还要充分考虑安装太阳能集热系统的体量和空间要求，将集热系统安装在屋面的中央位置，利用屋顶女儿墙的遮挡，做到集热系统在建筑物外观、立面上没有很明显的突出，减少外观影响和风荷载，增加了系统的安全性。而且集热器安装后，使屋顶的隔热作用有所加强，从而降低了顶层住户的夏季室内温度。集热器安装在平屋面上应整齐有序排列，前后两排之间应留有足够的间距，以满足4h的集热器日照条件。需通过支架或基座固定在屋面上。建筑设计应包括屋顶集热器基座平面图和集热器安装构造大样图。支架应通过预留的基座与屋面连接牢固，基座、管线设施不应影响屋面排水。住宅楼梯间宜通至上人屋面，或在楼梯间顶层设屋面上人孔，作为安装、检修出入口。非上人屋面的集热器周围和检修通道应敷设刚性保护层，保护屋面防水、保温构造（如图5-3、图5-4）。

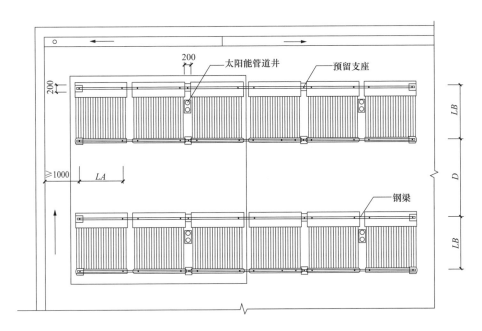

图 5-3　平屋顶整体式太阳能热水器安装平面布置
资料来源：被动式太阳房的设计与建造。

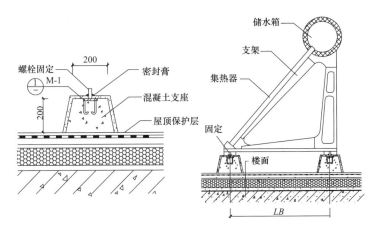

图 5-4　平屋顶整体式太阳能热水器安装剖面及节点
资料来源：被动式太阳房的设计与建造。

　　太阳能热水器系统在坡屋顶安装时，最好选择集热器与储水箱分离的热水系统。由于坡屋顶屋面下一般都有吊顶空间，将储水箱及相关循环管道控制阀、水泵等均安装在吊顶内，可以减少屋面的荷载。而集热器可根据屋面的坡度不同，可以直接将集热器安装在屋顶上，也可以用支架安装，还可在屋顶施工时预埋铁件，与支架焊接或螺栓连接以固定集热器，以解决坡屋面集热器难以固定的问题。由于集热器对屋面外观影响较大,可在做好防水处理的屋面上铺设防渗漏保温层,其上方布置集热器,再在集热器顶部架设有机复合采光保温盖板,做到集热器与屋顶有机的结合,给建筑增加美观的元素。集热器在坡屋面上安装时宜根据集热器接收阳光的最佳倾角,即当地纬度±10°来确定屋面的坡度;应在屋面结构上预埋连接件,位置应与集热板模数尺寸协调;屋面板不宜采用局部降板、折板等结构设计和施工难度较大的方式;可采用屋面一体型、叠合型、支架型设置方式,推荐采用一体型并可与天窗结合形成天窗效果(如图5-5)。

四、建筑墙面集热器的设计

在多层住宅中,把集热器设置在建筑外墙面上具有管线较短、安装、检修方便等优点,对于中高层以上的住宅,则能补充屋面上摆放集热器面积的不足。设计安装中应注意到设置在外墙面的集热器应处理好与阳台、窗、空调机位等住宅立面元素的关系。在方案阶段还应作日照分析,保证集热器布置在南侧建筑立面4h日照线以外;集热器宜有适当的倾角,使其更有效地接收太阳照射;支架要与墙体上的预埋件相锚固;集热器与储热水箱相连的管线需穿过墙体时,应预埋相应的穿线管(如图5-6)。

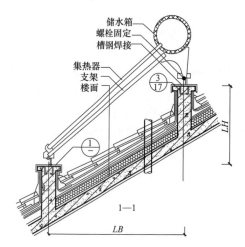

图5-5 坡屋顶整体式太阳能热水器
安装剖面及节点
资料来源:被动式太阳房的设计与建造。

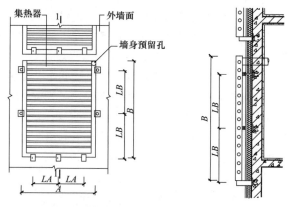

图5-6 竖直式分体太阳能热水器立面、剖面
资料来源:太阳能建筑设计。

五、建筑阳台栏板集热器的设计

集热器设置在建筑阳台栏板上较适于局部热水系统的管理、维护。集热器、储热水箱、空调室外机等设备可利用阳台空间集中统筹布置。应处理好阳台造型,以及与空调机位的关系;在方案阶段应作日照分析,保证集热器布置在南侧建筑4h日照线以外;宜有适当的倾角,使集热器更有效地接受太阳照射;支架应与栏板内预埋件牢固连接;集热器应满足建筑设计对其在刚度、强度以及防护功能的要求,集热器后部应设防护栏杆(如图5-7)。

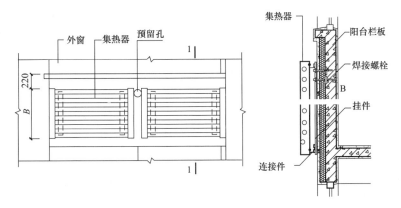

图5-7　阳台栏板式分体太阳能热水器立面、剖面
资料来源：太阳能建筑设计。

第二节　太阳能光伏建筑一体化的设计方法

　　太阳能光伏发电已具有成熟的技术。在国外，光伏技术被运用于建筑屋顶，将大型光伏组件建造在屋顶上组成屋顶光伏发电系统，并结合被动式太阳房和太阳集热器，给建筑供电、提供热水和制冷。在我国，光伏技术经过40年的努力，已具有一定的水平和基础。利用太阳能光伏发电适宜分散供电的优势，在偏远地区推广使用户用光伏发电系统或建设小型光伏电站，能解决无电力网的供电问题。随着太阳能电池和组件的生产能力提高，其价格也随之降低。光伏并网发电系统正在悄然兴起，屋顶并网光伏发电系统的研制和示范被列入国家重点科技攻关项目。在经济发达、城市现代化水平较高的大中城市，建设与建筑物一体化的屋顶太阳能并网光伏发电设施，首先要在公益性建筑物上应用，然后逐渐推广到其他建筑物。因此，太阳能光伏技术为实现"绿色建筑"，减少能耗，节约能源，保护环境，调整能源结构，有着重要的实践意义。

　　一、光电建筑一体化原则

　　建筑的整体设计是太阳能光伏建筑一体化成功的关键。太阳能光伏建筑一体化会影响设计施工过程的各个方面，例如建筑的布局和方位、形式和构思、周围建筑的高度和布局以及植被、能源计划、建筑的结构和比例、资金和运营开销、建造的细节和总体规划、外观和建筑的表现法、开发商及业主在世人眼中的看法等。即使是在现有建筑上进行修整，也会对上述方面产生一定影响。

　　设计及安装太阳能光伏建筑一体化系统，不像其他系统，只是涉及某一特殊领域的知识或某一特定的顾问团队。建筑师将它看成大厦的保护层（不仅会产生能源、还会阻止窃贼、防止外部天气影响室内环境、并采用自然光线照明），结构师会认为它是要求坚固的支撑结构的庞然大物，而建筑服务工程师将它看作要求专业设计、工程设计、委托和监管的电子系统。

　　二、光伏建筑一体化设计

　　光伏系统是建筑设计和施工整体的一部分。如果一栋大楼正确安装了光伏设施并采光良好，那么高质量的光伏系统就能为建筑提供所需的大部分电力。在整体设计的方法中，一体化的光伏系统不是简单地替换大楼中原有的建材或解决审美观的问题，光伏一体化还涵盖大楼外层的其他项能。光伏系统的玻璃结构被安装在斜面屋顶上充当防水层，它也可以被装在防水层上方来抵挡太阳紫外光的直接辐射，这样可延长防水层的寿命。平顶的建筑也可安装光伏系统，作为顶层保温系统的一部分。光伏系统可被置于突出的聚苯乙烯绝缘材料上，应用于大型平顶建筑的整修中。光伏系统还可以作为建筑元素被置于房顶或做成遮蔽系统。设计师必须仔细检验遮光罩和光伏技术的应用，以确保光伏系统有效、美观地安装。大厦方位的确定是设计中的主要问题，对低耗能大厦尤其重要。大厦的热承载、所需太阳辐射以及外表的设计都取决于方位，方位对光伏系统的表现至关重要。在北纬50°以北及南纬50°以南的国家更适合建造表面装有光伏系统的建筑。因为在这一区域内的国家里，向阳的斜顶，甚至水平的表面更适于光伏系统的安装。

三、光伏技术在建筑的应用

被动式太阳能设计包括利用自然力量，如太阳和风力来为生活空间供暖、制冷以及照明，设计精良的建筑物充分利用了材料的自然能量。由日照产生的能量减少了购买公共能源来控制温度和照明的需求。

最近，英国能源技术支持部门委托研究了三个郊区办公建筑开发项目，顾问们请求为特定的客户在特定地点设计三个低能写字楼。随后对设计及其节能性进行了分析，并将之与传统设计的空调建筑进行了对比，在低能设计和作为参考对比的写字楼之间，平均节能差值为52%，能量成本节省49%。建设资金成本与传统建筑相当，二氧化碳排放量减少15%。

（一）安装太阳能光伏建筑一体化系统的适用范围

由此可见，安装太阳能光伏建筑一体化系统的相关技术，无论是新建的建筑还是现有建筑的改良都可使用。它运用无源系统（如风能、太阳能等自然资源）来代替使用有源系统（如人工制冷和照明）。这就需要更加广泛周全的考虑，如太阳能的传导、遮光、发电、有效的日照时间、自然的通风和绝热材料；需将整栋大厦进行一体化考虑：能源的使用、生产制造、原材料和零部件的运输、建筑废料及涉及的外围土木工程的运输、建筑过程中的安全措施以及施工的效率；还要严格考察工地的环境，要考虑到该地区所处的气候带以及当地的特殊的地势。显然，地球上不同的区域应运用不同的方法，建筑的外观、格局和体积应与当地的环境相宜，尽量减少人工光源，多采用自然光，使人工加热、制冷最小化。这就要求利用混合模式使人工和自然的供电相得益彰，确保运用一种能够高效处理复杂情况的方案。如既能让大厦管理者操控又能满足业主单独控制的供电系统。通常业主使用越方便，他们就会感到越满意。确保中央控制系统处于节能状态，如不需要照明时确保灯全部关闭；在多云时，百叶窗全部开启。确保业主们了解设计意图并熟悉操作的可行性，这一点可以通过向业主征集意见，在大厦完工时组织业主参观，向业主阐述大厦的先进设计以及征集业主入住后的回馈信息来实现。

（二）建筑整体方案的设计理念

设计并建造一栋既高效节能又能满足使用者要求的建筑，需要一套整体的方案，即要综合考虑各种设计问题，仔细考虑各方面利弊，并找到和谐的平衡点。

建筑设计的整体方案的制定需要一支整体的、包括各种学科设计人员的设计团队。虽然由总设计师领队，但从一开始就应明确尊重创造性的建议，尤其是结构师和建筑服务工程师的意见，工程师们必须先关注能源、便利设施及结构上的设计。他们必须留给客户这样一种印象，整栋建筑最终必须在经济上、环境上和社会上合理一致，并为客户提供愉悦的工作、生活环境。一支人性化、充满才智的和谐团队，其成员必须拥有专业的技术和处理问题的能力（至少要有快速学习的能力），并要拥有和谐工作的团队精神。必要时能组织专家，尤其在早期部署新技术和新理念，要求调研和数据在项目预算上的精确性；制定早期能源消耗目标，尤其针对整栋大厦各种不同类型能源的消耗。实际上，整栋大厦的可持续发展目标正是在规划整体方案时制定的。这些方案包括：能够实现建筑学上和计算器模型上的设计，包括供热、通风、日照和声学调控，保证规划能够得以实现；有效的预算、开销核算和资产负债表，包括直接、间接的开销，短期内增值项目和建筑周期；结构监督审核机制，随工程进展检查设计；设计过程中要时刻考虑客户的要求，坚持"客户就是上帝"这一理念，如果可能也要考虑建筑商的要求，同时要考虑完工之后移交期内实际工程质量能否与设计相符；尽可能再现图纸的内容，要有远见，在建筑过程中一旦情况改变要灵活处理改建工程的要求。

（三）太阳能光伏建筑一体化技术

太阳能光伏建筑一体化（BiPV）就是将太阳能光电效应发电技术与建筑的建设结合在一起。它是一个充满活力的全新领域，能帮助人们实现自身的潜力，在保护地球生物系统的同时提高自己的生活质量。然而这一概念比以往任何时候都更有意义。

1. 太阳能光伏建筑一体化的提出

将光伏元素在建筑中集成，就是所谓的光伏建筑一体化，常常作为建筑物外墙而分布在世界各地。在过去的几年中，来自 14 个国家的光伏专家曾经在国际能源局的光电能系统执行协议中合作来优化此系统。欧洲、日本、美国和澳大利亚的建筑师们现在也开始将太阳能系统融入建筑中的创新设计方案。

配备光伏建筑一体化系统的建筑物，开发商已经为其建筑立面和屋顶材料以及安装支付了费用，土地费用也已支付，基础结构已经就位。建筑物连接了电力设备，并且已经开始运行了。开发商只需将光伏系统作为整体项目的一部分来投资，或者将光伏系统分布在一个开阔的地理区域内的大量建筑物上，减轻当地天气条件对其影响从而获得弹性比较强的供应来源。

2. 光伏建筑一体化的先决条件——低能设计

将光伏系统与建筑环境进行一体化设计可以缓解相当大范围内的能源需求，并且可以减少二氧化碳排放。同样很清楚的是，正在设计中的新建筑和现存建筑翻新方法都更加丰富。在发达国家中，许多政府支持的设计公司都从事相应的研究工作。以设定各种类型建筑物的能源使用标准，这些标准大多数指出了可能缓解能源需求以及减少二氧化碳排放的方法。

建筑物的设计在过去的一个世纪里对能量的使用和对环境的影响考虑得很少，因此现存的以极低效率运行的建筑物大有提高效率的可能性，这一点都不会令人感到意外。在澳大利亚，一项由澳大利亚温室办公室发起，并由 SOLARCH 集团和 EMET 顾问公司进行的调查表明：为了满足在非住宅性建筑物中部分性地降低二氧化碳排放量的目的，需要缩减 30% 的建筑物能源使用量。根据《京都议定书》的要求，在 1990~2010 年期间还要达到更高的要求。

低能设计无疑成为了所有可持续建筑的先决条件，特别是那些配备了光伏系统的建筑，这意味着不能再有能源浪费，尤其是当能源来自于非常宝贵的创新技术。

3. 太阳能光伏建筑一体化的首要步骤——制定能源战略

实施太阳能光伏建筑一体化的首要步骤就是制定能源战略，包括检查已计划好的行动步骤以及制定未来的步骤；制定每日及季度方案；制定并统一设计应开发到什么程度以及能源取决于太阳能系统的程度；建立当地可创新能源资源档案；评估主要补充能源的开销；估计建筑的能量消耗，划分不同类型的能源损耗；根据不同类型的能源消耗制定总体能源消耗目标；决定太阳能光伏建筑一体化能满足的能源消耗量。除非有国家规划，这一点常取决于资金量和占用的土地。估算所耗资本、光伏系统材料能抵消多少传统建材、偿还周期以及运营开销。估算能节约的能源量以及运行低耗能系统与传统的能源系统相比的额外开支。另外，验证使用光伏系统的增值部分，评析设计团队构思的多种公式化的节能方案。

在太阳能供电的建筑内，设计的重点应放在外层的设计上，如屋顶、外墙和地表的混凝土。在外层空间的设计上还要综合考虑绝缘材料、供热能力、防水性、日照、太阳能和镜面反射的控制、安全、噪声控制、大气污染以及昆虫入侵等因素，尤其是镜面反射的窗子的设计。太阳能光伏建筑一体化设计也必须融入外层设计中，还应考虑光缆及电子配套组件的方便安装以及整个系统的散热，因此外层的设计是相当复杂的。

4. 太阳能光伏建筑一体化的安装步骤

建筑的表层为光伏一体化提供了许多可能性。四种最主要的选择是：斜顶、平顶、外墙特殊设施和挡光系统（如图5-8~图5-20）。

图5-8　意大利UBS银行
资料来源：http://www.cnsolar.cc。

图5-9　奥地利KYOCERA办公大楼
资料来源：http://www.sidite-solar.com。

（1）斜顶

斜顶设施的一个优势是将原屋顶作为一个平台，而平顶设施需要特殊的安装结构来为模板提供所需的角度。因为结构的高能见度，外墙安装所需的标准较高，所需的技术也比斜顶和平顶的安装技术高，因为要将连接盒和电线掩饰起来，而且将模板安装到建筑上的难度也增大了。

104

图 5-10　德国带有光伏百叶窗的 Stadtwerke Konstanz 大楼
资料来源：太阳能建筑。

图 5-11　阳台上的光伏栏杆：日本 YOKAHAMA 多媒体塔
资料来源：日本新建筑技术资料集。

图 5-12　德国 ERLANGEN 大学分子生物研究中心
资料来源：www.geo-shine-solar.com.tw。

图 5-13　瑞士 Lausanne 地区 AMAG 中心的遮阳篷
资料来源：www.geo-shine-solar.com.tw。

图 5-14　火车站光伏挑檐

资料来源：http://blog.sina.com.cn。

图 5-15　奥地利 SBL 办公楼上光伏百叶窗

资料来源：http://www.arch-world.cn。

图 5-16　光伏天棚

资料来源：Solar Power。

图 5-17　日本 KYOTO 透明光伏中庭

资料来源：http://www.astro.com.tw。

　　斜顶建筑在住宅楼上十分常见，如果楼房朝向赤道位置就最适合安装光伏系统。市场上可以购买到适合斜顶的不同类型的安装系统，最便宜的是直接在屋顶瓦片上安装的外置系统。普通的安装方法是将特殊的屋顶夹钳固定在房顶的瓦片上。先在垂直方向上安装，充当底座，然后再安装水平的铝框。最后将模板置于底座上，用螺丝钉或夹子固定好。另一种方法是用特殊的金属板来代替普通的瓦片，并直接将水平框架安装在金属板上。这种安装方法的优点是在模板的后面以及屋顶间留有空隙，不用再在建筑上花费多余的开销就能解决通风问题。对于那些更喜欢一体化解决方案的人来说，这种做法可能在视觉上给人不同的感觉。

　　追光系统是预先在模板后安好钩子，然后在建筑过程中将其固定在框架上。其他的系统使用标准模板或薄板，将其直接安在框架结构上，然后再用夹子或所谓的金刚钳固定在建筑上。还有一种系统，也被叫做"Plug&Power"产品。也是事先在模板背面安装夹子，模块被固定在框架上后，直接接通开关就能提供能量。

图 5-18　结合于建筑南立面的 PV 阵列：英国 DOXFORD 商务中心

资料来源：http://www.energyonline.cn。

图 5-19　安装有透明 PV 模板的温室：
荷兰 PETTEN

资料来源：http://www.omsolar.sh.cn。

图 5-20　国际多斯福太阳能办公大楼内部景观：
英国桑德兰市

资料来源：http://www.omsolar.sh.cn。

一些系统可以真正实现一体化，即将标准的光伏薄板或模板直接作为房顶系统，除了防水处理外，关键的问题是这些系统必须既适合标准模板又适合传统工艺制作的材料。因此这种一体化产品要比顶层安装系统略昂贵一些，但在一些设施上还是有一定竞争力的。至于顶层安装系统，多数应用的框架都是安装在房顶木板上的。薄板都是通过橡胶工艺或机械工艺固定在框架上的，如三元乙丙橡胶可被用于耐冲撞、抗紫外线辐射、放热、抗微生物侵蚀等。

（2）平顶

平顶拥有安装光伏设施的巨大潜力。它的一个显著优势是在支持结构的帮助下确定最佳的位置，而且倾斜角度能够按照特殊要求和位置进行调整。还可以运用单轴或双轴系统，使光伏模板随着太阳转动，保持最佳角度。有三种不同的安装系统：运用机械原理安装到屋顶结构上，以重力为基础以及与绝缘层和防水层相结合的一体化方法。用插销或螺丝等机械原理来安装建筑上的光伏系统的方法，由于随着时间的推移，系统容易松动，并且还有金属的热胀冷缩问题，因此已经很少采用这种方法了。设计师们也尝试了依靠重力制成的低级安装结构。从审美上来说很不美观，而且房顶上附加的重量增加了建筑承重能力的要求，这需要仔细地估算。目前，有几种以重力为基础的系统可供使用，但大多数还处于研发阶段。防水层和绝缘层相结合的系统中，产品几乎不会给顶部带来任何附加的重量。虽然比普通平顶系统昂贵，但在与顶层的协同作用中以及和整体的美感方面还是具有一定的积极作用。如一种叫做 Power Guard 的产品既能传导太阳能发电，又能绝缘、保护顶层，每个组件自如地相互联系在一起，不会穿透房顶，既可以用于原有房顶的整修又可用于新建的建筑。

（3）外墙

外墙上使用光伏模板非常显眼。许多建筑都用玻璃制作幕墙，光伏模板可以取代这些材料。但是在垂直的轮廓外应用光伏系统达不到最佳的采光状态。虽然在建筑的外墙上，尤其是东侧或西侧建筑表面使用光伏系统方案能够获利，但其效果很大程度上取决于当地的纬度。然而在建筑的外墙上应用光伏系统易于通风，因此要仔细估算地基的选取，并且最好制作模型来检测阳光的辐射及阴影的位置。外墙的建造可以分成两类：垂直和不垂直。由于光伏模板后的温度会逐渐增大，因此建筑是否通风良好至关重要。通风良好的外墙就可以使用发电率对温度敏感的结晶硅光电模板。通风较差的外墙就得考虑使用能耐高温的技术，如使用非结晶硅光电模板。一般来说外墙内部都是砖石结构或水泥结构，并安装了预制配件或金属结构。水泥结构形成了建筑的基础并被绝缘层和保护层覆盖，这层保护层是不同材料的覆面，基本体系有三种：覆面上有开放式结合处，隐形安装结，由机械手段胶黏剂连接，材料有水泥或黏土、石料、金属板或塑料板、薄板、玻璃和木材；幕墙窗框并安装门，窗堵住通风的缺口，材料有金属板、薄板、玻璃；安装玻璃窗，在高科技的钢架结构上安装玻璃，玻璃间安装衬垫。

（4）外墙覆面

当整栋建筑外使用玻璃幕墙时，通常要在其内部加一层绝缘层和内层保护层。为了避免凝结，中间的夹层是密封的，因此要避免漏气，也就是说整个结构是没有通风的。玻璃的装配采用高新的装配技术，能安装各种材料，如玻璃或无框的光伏模板、衬垫或框架是用来堵住玻璃板间缝隙的。

（5）倾斜的外墙结构

倾斜的外墙设计具有独特的使用效果，能最大地增加光伏建材的表面积，它可以从外部建筑外观的透视效果到内部可视的无源灯光和光伏结构的操纵和试验，体现独具匠心的建筑创新理念。

（6）外墙垂直结构

作为栏杆和装饰的外墙一体化可以应用于新建筑，也可用于旧房改造。这种设计可以为建筑的外观注入新的活力。例如，光伏栏杆就将光伏系统作为与生态息息相关的设计元素，创造了内敛、不张扬的精巧阳台设计。

（7）雨篷、玻璃幕墙

光伏模板可以有效地与雨篷结合作为顶棚的延伸设施。当与玻璃幕墙结合使用时，能产生共鸣的光伏镜面反射效果，倒映的街景无论在室内还是户外都会是引人注目的景象。

玻璃幕墙还适合做各种类型的屏幕、遮阳篷和百叶窗。合理的组合既能在夏季为大厦带来阴凉，同时也能够发电。建筑师们已经认识到这点，并且越来越多的国家开始建造这种光伏遮光系统。

（8）透明的光伏材料

作为屋顶材料使用的透明的光伏模板具有防水、防紫外线功能，同时能传导阳光。在玻璃覆盖的区域，如阳光房和大厅，房顶阻挡紫外光的保护罩在夏季防止气温过高是尤为必要的。根据需要传导阳光辐射量的要求，电池间的距离为 5~10mm。PV 电池吸收阳光辐射的 70%~80%。电池间的缝隙能让足够的阳光漫反射来获得室内充足的照明。为了控制工作室内获取的阳光，可以使用半透明光伏模板来代替玻璃、模板，既可以阻挡阳光的暴晒，又能让照明使用的阳光穿过。令人目眩神迷的室内光线效果可以通过控制光伏的透明度以及选择色彩和谐的电池来达到。

5. 太阳能光伏建筑一体化的美感

另一个光伏装置最终会被安置在平顶及斜顶的原因是设计师没有把光伏考虑成表现建筑风格的元素。关于光伏的外观有一种积极的看法：即在减轻环境污染的同时表现了高科技的老练与冷静。换句话说，它既增强了当代建筑的现代感，又抵消了这种建筑给人带来的恣意挥霍的感觉。然而，光伏所蕴涵的潜在建筑表达方式还有待实现。我们应需要更多的建筑师来支持并展现它潜在的建筑表现力。光伏不仅是低耗能、一体化设计的因素，还能为设计者提供表现自身潜质的机会以及低耗能外设，如遮阳板、风塔和太阳能接收罩。

6. 设计师和从业者应关注的一些设计问题

一项成功的太阳能光伏建筑一体化方案要求建筑设计和光伏系统设计的相互依赖、影响，可以采用光伏系统与建筑一体化的方法，用光伏材料替换传统的建筑表层建材，如房顶的瓦片，外墙的覆面。另一种同样有效的方法是不把光伏材料看作建筑设计的固有因素，只是将其置于建筑材料外部，如屋顶上或装置上。建筑中的光伏系统一体化可以通过无间隙安装、融入设计中、改善建筑的外观、用来决定建筑的外观、用来探索新的建筑理念等途径来实现。

在光伏系统工程范例中我们可以发现一些值得思考的问题。

1）光伏系统无间隙地连成一体，对于整个建筑来说丝毫不突兀。日本东京一间房子上的光伏系统通过调整与房顶上瓦片的比例和一致的色调与整个建筑和谐地融为一体（如图 5-21），美国马里兰州的一栋建筑在房顶应用了薄薄的光伏电池，几乎看不见，运用这种方法是因为这是一栋具有历史意义的建筑，很显然当代高科技材料不适于这种建筑风格（如图 5-22）。

2）光伏系统融入设计中，在西班牙马德里的一栋建筑中应用的实用光伏遮光设施（如图 5-23）。如果原来室内空间设计意图发生了变化或所需的舒适度提高，就可以采用这种方法。光伏系统既可以提供有源无源太阳能遮光解决办法，也可以设计成光伏屋檐。放射状或百叶窗状的光伏模板可省去高级机械制冷系统。光伏系统的安装并不意味着破坏建筑一体化，因为后安装的光伏系统并不十分显眼（如图 5-24、图 5-25）。

图 5-21　日本东京的一栋建筑

资料来源：http://www.cnsolar.cc。

图 5-22　美国马里兰州一栋建筑上的 PV 金属屋顶

资料来源：http://www.bjagri.gov.cn。

图 5-23　西班牙马德里 TES 大楼

资料来源：Solar Power。

图 5-24　荷兰安装有太阳能屋顶的房屋

资料来源：http://www.arch-world.cn。

图 5-25　荷兰 5MW site langedijk 上的建筑

资料来源：http://tech.sina.com.cn。

3）通过整栋建筑的一体化设计，光伏系统可以改善建筑的外观。换句话说，整体风格的一致才是最佳效果。光伏系统提供了一种视觉上的效果，既可以从微观角度也可以从宏观上改变建筑的风格，使之充满活力。

4）光伏系统决定建筑外观。光伏系统被看做是建筑表层一体化的一部分，因此是决定建筑外观的中心环节。

5）光伏系统引发了新的建筑理念。光伏模板的应用，尤其是与无源太阳能设计理念的联合引发了新的设计和建筑思潮。从建筑上讲，它与传统的辅助建材如木材、钢铁一起为建筑设计提供了新的选择空间。更重要的是建造能够同自然光结合，随着白天太阳位置的改变来控制室内空间的色彩和感觉。同样在各种不同建材上或光伏薄板上应用人工光线，如在悉尼奥林匹克林阴大道路灯上应用的荧光能在夜里自然光消失时用太阳能电池为路面补充光线，这创造了一种新颖的建筑风格。

第六章　广义建筑节能的技术策略

在给人类带来各种享受的同时，建筑产品的潜在危害也越来越显露出来，建筑活动作为人类改造自然的基本行为，制造出的建筑产品既是资源和能源的消耗者，又是环境污染的主要排放者。表现为：建筑产品的生产和使用需耗费大量的资源；建筑产品能耗总量较高；建筑产品加剧了对环境污染和人体健康的损害。

第一节　我国能源战略的基本形势

一、能源供求矛盾日渐突出

随着 20 世纪 90 年代中后期我国开始进入到工业化、城镇化加快发展阶段，我国能源消费量呈现出明显上升的势头。2000 年我国能源消费增速一改 1997 年以来连续 3 年负增长的趋势，当年较上年增长 0.1%，2003 年更是实现历史最快增速，达到 15.3%，2005 年为 12.7%，甚至大大超过同期 GDP 增速，从而使得能源消费弹性系数自 2002 年以来都维持在 1 以上（如图 6-1）。而且随着能源消费剧增，从 1992 年开始，我国能源消费总量超过了国内生产总值，到 2000 年供求缺口达到历史最高点，为 -233.1 百万吨标准煤，而且总体上我国能源供求缺口呈现出扩大之势（如图 6-2）。

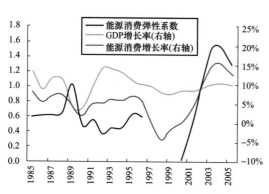

图 6-1　2000 年以来我国能源消费增速显著上升
资料来源：CEIC、申银万国证券研究所。

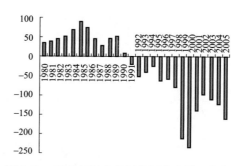

图 6-2　1992 年以来我国能源出现供不应求，
且供求缺口呈扩大之势
注：国内供给是指国内一次能源生产量，
供求缺口=供给-需求。
资料来源：CEIC、申银万国证券研究所。

另外，从国内外能源消费与经济社会发展关系来看，通常在人均 GDP 达到 15 000 美元前（按购买力平价 PPP 计），伴随着该国人均 GDP 规模的扩大，其能源消费需求还会持续较快地增加（如图 6-3）。这也意味着未来我国能源供求矛盾还将更为突出，这对我们提出了进一步降低能耗的迫切要求。

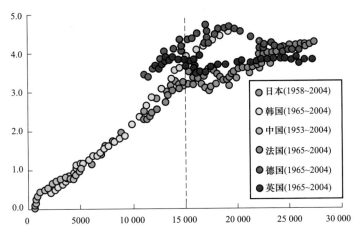

图6-3　人均能源消费量伴随着人均GDP增长而增长（在人均GDP 15 000美元之前）

二、降低能耗是提高竞争力的重要途径

由图6-4可以看出：能源是产品成本的一部分，有些还占较高的比例，产品在生产过程中消费的能源越多，成本越高，获利空间越小，价格上的竞争优势也就越小。尽管我国能源成本占生产成本的比例较高，但目前我国一些产品还是具有一定的竞争力，这主要是由于我国人力成本较低，从而使得国内企业与国外企业在一些产品，尤其是高耗能产品的生产成本上存在着一个明显的"成本剪刀差"。而随着经济社会的发展，未来人力成本呈现出上升的趋势，因此，为提高国内企业产品的竞争力，降低能耗是必然选择。

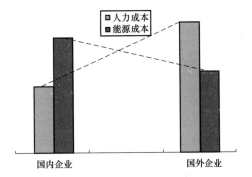

图6-4　国内企业与国外企业在一些产品，尤其是高耗能产品的成本上存在着"成本剪刀差"

注：此图为示意图。

资料来源：申银万国证券研究所。

第二节　建筑能耗简述

建筑物所用建筑材料的生产制造要消耗能源，建筑物的建设施工要消耗能源，建筑物在使用过程中更要消耗能源。一句话，建筑物从建设到使用都离不开能源，能源是建筑物建设和使用全过程不可缺少的、最为重要的物质基础。

建筑能耗有两种定义方法。一种是广义建筑能耗，是指从建筑材料生产制造、建筑物建设施工，一直到建筑物使用的全过程所消耗的能源；另一种是狭义建筑能耗或称建筑使用能耗，是指建筑物在使用过程中所消耗的能源，包括照明、采暖、空调、电梯、热水供应、炊事、家用电器以及办公设备等所消耗的能源。广义建筑能耗，范围过宽，跨越了工业生产和民用生活等不同的领域，故国际上通常所谓的建筑能耗，与工业、农业、交通运输等能耗并列，属于民生能耗。

与建筑能耗相对应，建筑节能也衍生两个层次的概念。

广义的建筑节能：在建筑全生命周期内，从建筑材料（建筑设备）的开采、生产、运输，到建筑寿命期终止销毁建筑、建筑材料（建筑设备）这一期限内，在每个环节上充分提高能源利用效率，采用可再生材料和能源，在保证建筑功能和要求的前提下，达到降低能源消耗、降低环境负荷的目的。

狭义的建筑节能：在建筑物正常使用期限内，提高建筑设备的能效系数，降低建筑物通过外围护结构的能量损失，同时充分利用可再生能源，在保证建筑功能和要求的前提下，达到降低能源消耗、降低环境负荷的目的。

我国现在一般所称建筑能耗，已与发达国家的认识和统计口径相一致，系指建筑使用能耗，即狭义建筑能耗。目前我国建筑能耗已约占全国能源消费总量的25%以上，成为耗能大户。1996年全国能源消费总量为 13.89 亿 tce，建筑能耗为 3.54 亿 tce，占全国商品能源消费总量的 25.49%。如果将全国建筑能耗加上农村生活用生物质能消耗（2.02 亿 tce），则我国生活用能消费总量为 5.57 亿 tce，占全国商品能源消费总量的 34.99%。2000 年，我国建筑能耗共计 3.56 亿 tce，占当年全社会终端能源消耗量的 27.8%，已接近发展国家建筑用能占全社会能源消费量 1/3 左右的水平。

一、认知广义建筑节能

就建筑节能狭义和广义而言，狭义的建筑节能侧重于某个建筑物本身所采取的措施和手段。按照国际通行的分类，建筑能耗是指民用建筑使用过程中的能耗，主要包括采暖、空调、通风、热水供应、照明、炊事、家用电器、电梯等方面的能耗。其中采暖、空调、通风能耗约占 2/3。对狭义建筑节能的评价一般采用能量评价法。广义的建筑节能不仅涉及建筑设计方案、能源、生活质量等问题，还考虑了整个建筑对资源、环境、气候、地理条件、维护管理、经济等方面的影响，是将建筑物的节能作为了一个系统工程，对广义建筑节能的综合评价有经济评价法和"系统评价法"❶。系统评价法的意义在于最佳利用资源、最小消耗能源、最小地造成环境负荷，如果要求得到合理的经济性则采用经济评价法。

对广义建筑能耗的组成进行分析，并从运行能耗、建材能耗与间接能耗三方面对我国建筑能耗状况进行分析。结果表明，我国广义建筑能耗与全国总能耗呈现很强的线性相关性，广义建筑能耗与全国总能耗的比例约为 45.5%。广义建筑能耗中，运行能耗、建材能耗与间接能耗约占全国总能耗的 20%、15% 和 10.5%❷，减少建筑运行能耗是建筑节能的关键，但减少建筑材料能耗具有同样重要的意义。

关于广义建筑节能，2005 年在"第三届中国人居环境高峰论坛"上，原建设部副部长宋春华认为广义建筑节能包括五个方面的内容。

第一个内容是全天候的节能。据统计，建设部从 1986 年开始就抓建筑节能，到 2002 年，全国符合节能 50% 标准的总建筑面积才 2.3 亿 m²。2001 年又出台一个节能标准，主要在北方推广，现在看来还不行，南面也应该推广。现在各个气候带的冬天和夏天，都有节能问题。

第二个内容是建筑物全寿命节能。从施工建造到运行、维修更新、拆除和废弃物的处理，涵

---

❶ P. Nilsson, X. s. Bai. Level — set flamelet library approach for premixed turbulent combustion. Experiment Thermal and Fluid Science, 21 (2001): 87-98.

❷ 李兆坚，江亿. 我国广义建筑能耗状况的分析与思考. 建筑学报，2006 (7): 30-33.

盖建筑物的整个生命周期，都有节能问题。比如说怎样节省用材，缩短运输，在建筑里面怎样用先进的技术来营造，在使用的过程中怎样减少能耗，怎样及时维修延长使用年限，包括装修，不能三五年砸掉了再来一遍。现在拆除建筑，都是用爆破，浪费很大，大理石、花岗石一爆破，就全部破坏了，所有的废弃物，都需要处理。

第三个是全方位节能。硬的节能主要是技术层面的，软的节能主要是要制定法规标准政策，养成良好的全民节能意识、节能行为习惯。例如日本浦东东营花园，这是日本人在上海工作期间使用的公寓，他们的洗脸水都要用 3 次；日本人有了泡澡的习惯，通过一些技术手段，泡澡水也重复利用，而不是一人用一大缸热水。他们改造坐便器，水在冲刷马桶前，先用来洗手了。平均统计一个人一天要上 9 次厕所，这就可以省 9 次洗手水，这不算什么高科技，问题在于我们有没有去做。节水的背后，就是节能，就是节约资源。

第四个是全过程节能。就是从策划立项、到最后都是与节能有关，让老百姓购房的时候也要知道你有没有节能的理念。

最后一个是全系统节能。对于建筑来讲首先是围护系统，然后是空调、供暖系统，照明和家电用电能源系统，检测、节能标志的认定和标志系统，以及将来对社会开展的节能服务和节能检测，系统化才能取得最大的节能效果。

二、广义建筑节能及其改造

与国外"零耗能"建筑相比，国内建筑的"高能耗"存在墙体太"透"，窗户太"漏"，这是导致目前我国建筑高耗能的两大"症结"。

玻璃幕墙是现代高档建筑较多采用的外围护结构，是建筑物热交换、热传导最活跃、最敏感的部位。金属玻璃幕墙具有轻量化、不燃化、耐震、施工迅速等优点，在现代都市高楼化、防火、防震、施工安全的要求前提下，已成为不可阻挡的趋势，今后将成为高楼建筑的设计主流。但是玻璃幕墙是传统墙体失热损失的 5~6 倍，幕墙的能耗约占整个建筑能耗的 40% 左右，故幕墙的节能有极其重要的地位。

在建筑设计中要求，当建筑具备下列条件时（建筑标准较高的房间，仅有 1、2 两项）就要采用遮阳措施。

1）室内气温大于 29℃。

2）太阳辐射强度大于 240kW/（m·h）。

3）阳光照射室内深度大于 0.5m。

4）阳光照射室内时间超过 1h。

因此，采用遮阳措施不仅是玻璃幕墙建筑节能设计的必要手段，而且是标准较高玻璃幕墙建筑的建筑设计的必要手段。建筑遮阳是建筑的必要组成部分，在炎热的夏季，它可以防止直射阳光的不利影响，改善室内的热环境和光环境，为人类正常的学习、工作和生活提供保障，这是遮阳最为主要的功用。此外，建筑的遮阳，还切身关系到建筑使用功能的众多方面，与建筑的热环境（保温、隔热、通风）、光环境（漫反射）、声环境（隔声）及建筑艺术有着密切的关系。建筑的遮阳，按照其与建筑的相对位置，可分为内置式遮阳和外置式遮阳。

内置式遮阳，常用卷帘、百叶帘、罗马帘、布艺帘等形式；外置式遮阳，常用遮阳板、遮阳百叶等形式。

"在保证良好室内自然光的同时，外置式遮阳可遮挡 100% 的太阳直射辐射，对散射辐射、反射辐射的遮挡率也可大于 70%，综合对太阳光总辐射的遮挡率可达 85% 以上，这是内遮阳、小百叶遮阳所无法达到的效果"●。由此可以看出，户外遮阳比户内遮阳在建筑节能效果上更为明显。

上海的金茂大厦，每年却要"烧"掉 4000 万元的能源费。目前，上海大多数建筑的外墙材料以钢筋混凝土、实心黏土砖为主，易导热，并且没有保温层，故而墙体的导热性较高，在受到太阳的照射后，"单薄"的建筑很容易吸收太阳热能，并辐射到室内空气中，使得室温升高。与此同时，由于窗户的密闭性较差，且没有遮阳系统，室外的热量、强光照很容易从窗户直接"漏"进室内。这也就是大家平常苦叹空调"夏天不冷，冬天不热"的主要原因。

第三节　建筑节能新方法

德国建筑师狄托马介绍说，如果采用墙体遮阳、地板辐射等技术，那么，中国现有的建筑将至少减少 80% 的能耗。

一、可调节外遮阳

可调节外遮阳一种安装在建筑外墙上，看起来有点像百叶窗的系统，目前在德国运用比较广泛。与通常的百叶窗不同，这种外遮阳系统不仅能直接阻挡太阳辐射从窗户进入室内，同时还能够遮蔽墙体，减少来自于墙体的热辐射。在需要阳光的时候，"百叶窗"又可以随时"折叠"起来，收拢到建筑外部顶端的盒子中。这一系统主要通过减少外部辐射的影响，从而达到间接节能的效果。另外外遮阳随着技术的发展，采用新技术、新材料用于外遮阳的成功做法也屡见不鲜。

张拉式膜结构是现代膜结构建筑的重要组成部分，膜面一般为负高斯曲面，因此，它体形丰富、自然流畅、曲面柔美，备受建筑师们的青睐。但这种结构体系受力分析复杂，对施工精度要求高，因此，其设计计算、加工制作及施工工艺难度都较大，但遮阳效果好（如图 6-5）。

各种研究证明，外遮阳系统是建筑节能最有效的方式，玻璃遮阳系统属于建筑外遮阳，能与现代幕墙系统完美结合，形成双层幕墙系统（如图 6-6）。玻璃遮阳设计新颖、合理，能适应各种不同建筑场合。遮阳系统不仅有美丽的外观而用于建筑装饰，而且具有良好的节能设计，可减弱建筑受到的太阳辐射，并能调节建筑内部的采光。在冬季，关闭的叶片能有效防止室内热能的散失，有助于调节室内温度。

二、地板盘管

地板盘管技术，也就是通常所说的"地暖"。在地板、顶棚中埋入塑料盘管，与楼宇采热系统相连接，然后向盘管中通入低温热水，将地板加热，可均匀地向室内辐射热量，这是一种节能采暖系统。这种辐射供暖方式，能够使热量集中在人体受益的高度，有效实现供暖，并且输送过程中的热损失小，因此节能性能较高。

三、地源热泵

冬季将来自于空气、水和土壤的废热"纳"入家中，夏季将多余的热量"吐"还到土壤、地下水中，利用这一原理实现冷热调节的地源热泵，运行费用低，而效率是传统空调的 4 倍以上。"地源热泵"已被认为是当今世界上最高效、最环保的供暖、制冷空调。

● 薛志峰. 超低能耗建筑技术与应用. 北京：中国建筑工业出版社，2005.3.

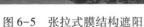

图 6-5　张拉式膜结构遮阳　　　　　　　　　图 6-6　玻璃遮阳

（一）地源热泵中央空调系统

正像水泵可以把水由低处泵送到高处一样，热泵可以把低温位热能泵送到高温位加以利用。热泵需要输入一定量的高位能（电能）来驱动，但其输出的热量是可利用的高位热能，在数量上是消耗的高位能和吸收的低位热能的总和，从而节约了高位能。地源热泵是一种利用地下浅层地热资源（也称地能，包括地下水、土壤或地表水等）的既可供热又可制冷的高效节能空调系统（如图 6-7）。

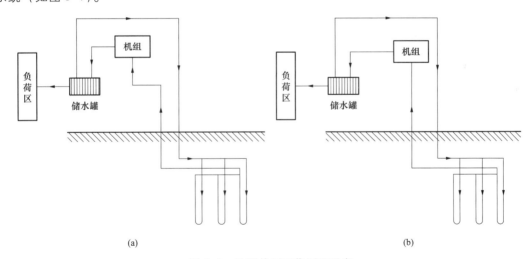

(a)　　　　　　　　　　　　　　　　　　　(b)

图 6-7　地源热泵工作原理示意
（a）制冷原理；（b）制热原理

它利用地能一年四季温度稳定的特性，冬季把地能作为热泵供暖的热源，夏季把地能作为空调的冷源；即在冬季把高于环境温度的地能中的热能取出来供给室内采暖，夏季把室内的热能取出来释放到低于环境温度的地能中。通常地源热泵消耗 1kW 的能量，用户可以得到 4kW 左右的热量或冷量。因此是一种高效节能、无污染的空调系统。

（二）土-气型地源热泵系统分类及工程建筑实例

作为替代传统锅炉的新一代供热制冷一体的空调系统出现，土-气型地源热泵系统为实现"清洁能源采暖制冷"提供了新的选择。它本身采取的是特殊的换热方式，利用土地温度的稳定性和延迟性，使得这种系统的换热效率很高，因此在产生同样的热量或冷量时，只需小功率的压缩机就可实现。

该方案只需在建筑物的周边空地、道路或停车场打一些地耦管孔，室外水系统注满水后形成一个封闭的水循环和地下土壤换热，将能量在地下土壤和空调室内进行换热（如图6-8）。

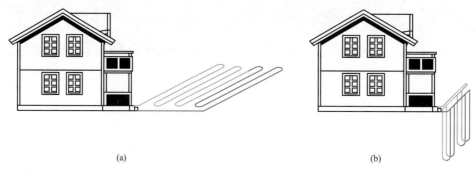

(a)   (b)

图6-8 土-气型地源热泵系统工作原理示意
（a）水平地埋管换热系统；（b）竖直地埋管换热系统

项目附近如果有可利用的地表水，水温、水质、水量符合使用要求，则可采用开式地表水（直接抽取）换热方式，即直接抽取地表水，将其通过板式换热器与室内水循环进行隔离换热，可以避免对地表水的污染。可以节省打井的费用，室外工程造价较低。也可采用抛放地耦管换热方式，即将盘管放入河水中（或湖水）中，盘管与室内循环水换热系统形成闭式系统。该方案不会影响热泵机组地正常使用；另外也保证了河水（湖水）地水质不受到任何影响，而且大大降低室外换热系统的施工费用（如图6-9）。

（三）地源热泵的优点

1. 地源热泵技术属可再生能源利用技术

地源热泵是利用了地球表面浅层地热资源（通常小于400m深）作为冷热源，进行能量转换的供暖空调系统。地表浅层地热资源可以称之为地能（Earth Energy），是指地表土壤、地下水或河流、湖泊中吸收太阳能、地热能而蕴藏的低温位热能。地表浅层是一个巨大的太阳能集热器，收集了47%的太阳能量，比人类每年利用能量的500倍还多。它不受地域、资源等限制，真正是量大面广、无处不在。这种储存于地表浅层近乎无限的可再生能源，使得地能也成为清洁的可再生能源一种形式。

2. 地源热泵属经济有效的节能技术

地能或地表浅层地热资源的温度一年四季相对稳定，冬季比环境空气温度高，夏季比环境空气温度低，是很好的热泵热源和空调冷源，这种温度特性使得地源热泵比传统空调系统运行效率要高40%，因此要节能和节省运行费用40%左右。另外，地能温度较恒定的特性，使得热泵机组运行更可靠、稳定，也保证了系统的高效性和经济性。据美国环保署EPA估计，设计安

118

图 6-9 土气型地源热泵系统地下及地表水系统
1—地下水系统；2—地表水系统；3—地表水系统实例：广东恩平市良西镇

装良好的地源热泵，平均来说可以节约用户 30% ~ 40% 的供热制冷空调的运行费用。

3. 地源热泵环境效益显著

地源热泵的污染物排放，与空气源热泵相比，相当于减少 40% 以上，与电供暖相比，相当于减少 70% 以上，如果结合其他节能措施节能减排会更明显。虽然也采用制冷剂，但比常规空调装置减少 25% 的充灌量；属自含式系统，即该装置能在工厂车间内事先整装密封好，因此，制冷剂泄漏几率大为减少。该装置的运行没有任何污染，可以建造在居民区内，没有燃烧，没有排烟，也没有废弃物，不需要堆放燃料废物的场地，且不用远距离输送热量。

4. 地源热泵一机多用，应用范围广

地源热泵系统可供暖、空调，还可供生活热水，一机多用，一套系统可以替换原来的锅炉加空调的两套装置或系统；可应用于宾馆、商场、办公楼、学校等建筑，更适合于别墅住宅的采暖、空调。

5. 地源热泵空调系统维护费用低

在同等条件下，采用地源热泵系统的建筑物能够减少维护费用。地源热泵非常耐用，它的机械运动部件非常少，所有的部件不是埋在地下便是安装在室内，从而避免了室外的恶劣气候，其地下部分可保证 50 年，地上部分可保证 30 年，因此地源热泵是免维护空调，节省了维护费用，使用户的投资在3年左右即可收回。此外，机组使用寿命长，均在15年以上；机组紧凑、节省空间；自动控制程度高，可无人值守。地源热泵缺点。当然，像任何事物一样，地源热泵也不是十全十美的，如其应用会受到不同地区、不同用户及国家能源政策、燃料价格的影响；一次性投资及运行费用会随着用户的不同而有所不同；采用地下水的利用方式，会受到当地地下水资源的制约，实际上地源热泵并不需要开采地下水，所使用的地下水可全部回灌，不会对水质产生污染。

（四）地源热泵案例

1. 水墨江南（如图6-10）

水墨江南位于苏州园区星湖街东景路交汇处，北望金鸡湖，南眺独墅湖，西邻金鸡湖高尔夫球场，东靠星湖街，占据湖东高档生活的显赫地位。

图6-10　水墨江南

地源热泵原理利用地球所储藏的太阳能资源作为冷热源，进行能量转换的供暖制冷空调系统。它利用地下常温土壤或地下水温度相对稳定的特性。

冬季：当机组在制热模式时，就从土壤/水中吸收热量，通过压缩机和热交换器把大地的热量以较高的温度释放到室内。

夏季：当机组在制冷模式时，就向土壤/水中散发热量。通过压缩机和热交换器把室内的热量通过地埋管散入土壤中，地埋管换热器有立埋管系统、横埋管系统，螺旋埋管系统及水池浸埋管四种埋管形式。本系统采用竖埋管系统如图6-11所示。

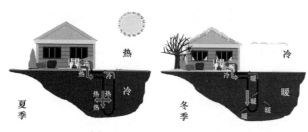

图6-11　系统竖埋管系统

2. 当代 MOMA（如图 6-12）

当代 MOMA 工程位于北京市东直门东北角，总建筑面积 22 万 m²，东西长 256m，南北宽 52m。地上由九栋塔楼和四栋裙楼成 U 字形分布组成，高位空中大型钢结构连廊将塔楼连为一体。中间的地下车库将各塔楼、裙楼连为一体。

图 6-12　当代 MOMA

该工程地源热泵空调系统为恒温恒湿，空调覆盖面积为 15 万 m²，温度为夏季 26℃、冬季供暖温度为 20℃，全年提供生活热水。空调制冷、热水由 2 台燃气锅炉和 8 台地源热泵机组提供，其中 4 台热泵机组供应顶棚辐射系统，另 4 台供应空调新风系统，生活热水夏季采用部分热回收、不足部分由锅炉补充。冬季和过渡季节由燃气锅炉加热生活热水。

地源热泵系统（如图 6-13）采用垂直埋管换热，共计钻换热孔 635 个，换热孔间距 5m，全部布置在中央地下车库基础底板之下。孔径为 150mm，孔深 100m，换热管规格为外径 DN32 的双 U 形 PE 高密度聚乙烯埋管，周围的空隙采用导热系数较高的填料回填。换热器水平联络管位于车库基础底板以下 500mm 水平敷设。垂直换热管通过水平联络管汇集到检查井（共设置 45 个

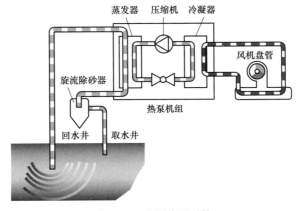

图 6-13　地源热泵系统

检查井）内的集水器，各个集水器通过管道汇集，最终进入机房内与热泵机组相连。

3. 上海自然博物馆（如图6-14）

上海自然博物馆项目位于上海市静安区，北京西路石门二路处，地基面积12 000m²，总建筑面积45 300m²，其中地上建筑面积12 700m²，地下建筑面积32 600m²。建筑总高度18m，地上3层，地下2层。建筑功能主要为展厅，另有藏品室、办公室等辅助用房。为实现节能减排，展厅和藏品库采用土壤源热泵系统，夏季冷负荷5000kW，冬季热负荷3000kW。

图6-14 上海自然博物馆

展厅和藏品库等大空间的空调冷热源由土壤源热泵承担，主机选用3台制冷量为1673kW、制热量为1789kW螺杆式地源热泵机组。冷却方式采用以地埋管土壤换热器为主，埋管数量按冬季负荷设计，夏季负荷不足部分采用常规冷却塔补充。上海市属于太湖流域的冲积平原，浅层土以黏土、亚黏土及粉砂为主的软土，属于第四纪沉积层，土壤潮湿，地下水位高，含水量充足，土壤源热泵系统换热效果好，是土壤源热泵系统较适合的土壤类型，采用单U形埋管综合性能高于双U形埋管。单U形埋管夏季单位井深放热60W/m，冬季35W/m。

因为地质条件较好，钻井难度不大，埋管深度按100m进行设计（地铁下埋管深度90m）。钻井数量按冬季工况设计为：557×100m，深的井；224×90m深的井。为保证土壤散热能力，埋管间距尽量大，根据场地实际情况，按4.5m×4.5m埋管设计，可满足空调要求。

各展厅均采用全空气变风量系统，旋流风口或喷口送风，集中回风。根据室内温度自动调节送风量，采用具有排风热交换热回收功能的空调器，最大限度地节省能源，并实现过渡季节全新风运行。办公室、会议室等小空间采用直接蒸发式变频多联机热泵系统。

四、通风系统

如图6-15所示，建筑背面楼梯顶上都有一个机械通风系统，形状似一个斗篷帽子。专门用来处理室内气流通风的。原来建筑师打算用自然通风系统，可是考证发现自然风并不能有效地进入建筑内，于是就采用了机械系统。尽管建筑在全年大多数时间内都在运行这个系统，但是运用制动控制系统在一些日子内通过打开南边的玻璃和热压效应可以得到良好的自然通风效果。

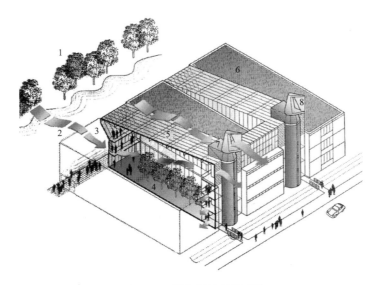

图 6-15　低能耗的通风系统

五、外墙外保温（面砖饰面）系统

该系统同样具有优越的保温隔热性能，良好的抗水性能及抗压、抗冲击性能，能有效解决墙体的龟裂和渗漏水问题。该系统冬季能避免产生热桥，减少室内热能通过外墙的损失；夏季能减少由阳光辐射外墙而传导至室内的热能，进而使暖气、空调的能耗下降。墙体重量轻、节能效果明显，可减少能源消耗、保护主体结构，还能延长建筑物的寿命，给建筑物披上了一件温暖、可靠、耐久的外衣（如图 6-16）。面砖作为外墙保温体系饰面层，抗撞击强度高，故特别适用于墙脚部位、首层或建筑物出入口等易受冲撞区域；沾污后易擦洗，可使外墙保持清洁；装饰效果好。外墙外保温系统是广大房地产开发商、保温节能建筑设计和建筑施工单位首选的保温隔热体系。随着建筑节能的不断发展，其优异的性能逐渐被市场所接受，节能型建筑物将成为今后发展的方向。

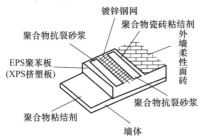

图 6-16　外墙外保温（面砖饰面）系统

六、不同结构的保温层经济厚度分析

保温层厚度与费用的关系：当墙体及保温层的构造和材料一定时，保温层厚度直接影响建筑采暖的经济性。保温层经济厚度分析详见表 6-1，如图 6-17 所示。

表 6-1

不同结构的保温层经济厚度分析表

部件		保温材料	设计厚度/mm	计算经济厚度/mm	差值/mm
屋顶	类型 1	苯板	50	64	16
	类型 2	苯板	30	29	-1
		水泥珍珠岩保温块	120	114	-6
墙体	类型 1	外贴挤塑苯板	20~35	40	5~20
	类型 2	外贴 EPS	50	46	-4
	类型 3	内贴带钢丝网苯板	30~40	46	6~16
	类型 4	内抹保温砂浆	30~40	47	7~17

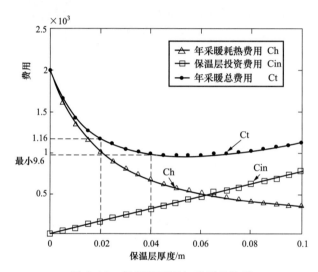

图 6-17　保温层厚度与费用的关系

七、案例

1. 绿色魔法学校（如图 6-18）

台湾第一座零碳建筑——成功大学绿色魔法学校。

绿色魔法学校的国际会议中心——崇华庭内采用了自然通风设计，冬季 4 个月可以不使用空调系统，自然换气数达 5~8 次/h，空调节能高达 20%。荣华庭采用的灶式排风然后通过浮力通风塔出风口将室内空气排出，形成一个流动的通风环境，使得室内凉爽并且空气清新。夏季结合地源热泵的应用降低空调耗能，借助太阳能不需要任何的机械动力设施便能带动气流。在具体应用中，深海海水从 914m 深处抽出，以被动的方式冷却建筑，当水温达到 5℃ 时，被引进空调箱进气口处进行冷却。

学校屋顶采用了可随季节调整角度的光电板进行太阳能发电，同时室外配置了 50W 蜂窝式风力发电结构，利用模数化可堆叠的特性使配置利用更具有弹性，风速达到 3m/s 即可发电。此外采用覆土式屋顶，降低夏季屋顶温度，覆土层使用再生陶粒，具有高积水性，有效减少浇灌次数。外遮阳用外置百叶，能抵抗暴风雨与外来入侵，比一般百叶窗的隔热效果更好。

图 6-18　绿色魔法学校

2. 伊丽莎白公主站（如图 6-19）

"伊丽莎白公主站"设立在南极圈内的毛德皇后地（Dronning Maud Land），原属挪威，其地理位置非常特殊，位于南极大陆面向大西洋的部分，历来是各国建立极地科考站的主要选择地，"伊丽莎白公主站"也设在此地一处高高的山脊上。建立之初，工程设计人员考察了当地的地理环境，给出如此评价，"建立在此处的科考站会经历极端强劲的风力考验"，据来自国际极地基金的发言人透露，此处的风力为 300km/h。

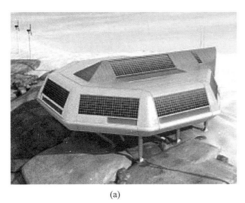
(a)

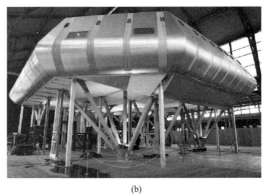
(b)

图 6-19　伊丽莎白公主站

作为一个常年科考站，"伊丽莎白公主站"包括科学考察和日常生活两大区域，并且设计还必须满足科考站靠高效使用可替代能源的要求。

科考站有一个类似于太空飞船般的前卫造型：科考站的主建筑分为上下两个主要层面，上层高出山脊许多，是主实验室所在地；而下层则主要是储藏室、车库以及其他的生活功能区域。

除此之外，为了尽可能多地利用此地的强劲风能。与普通科考站不同，建筑师们在科考站北面建立了9座风车。虽然这里风力极端强劲，使科考站在这里建立地基的工作十分艰苦，但也正因如此，强风成为科考站第一个主要的稳定能源来源。

据测算，目前，9座9m高的风车能产生54kW/h的电力，全部用作科考站内的电力应用。

除了风能之外，科考站的另一个主要能源则来源于太阳能。整个科考站装备有超过600块太阳能光伏板，其中408块装在科考站主楼的墙壁和天花板上，另有288块装在技术楼的楼顶。南极处于南半球，所以多数太阳能光伏板都朝向北面对着太阳，而精明的建筑师为了尽可能地利用每一份太阳能，所以他们最后决定在科考站的每一个方位都装太阳能光伏板，"这样才能吸收不同时段、不同方位的日照"，新闻发言人解释说，这些太阳能光伏板可以产生大约50.6kW/h的电力。在"伊丽莎白站"内，太阳能除了担负供电的责任，还负担了供热的责任：装置在科考站楼顶的$18m^2$太阳能集热管足够为厨房、浴室提供热水；而另外$6m^2$装置在仓库的集热管则帮助化雪以制造饮用水。

由于这是全世界第一所只使用新能源运转的极地科考站，对于建设者来说，保证极地科考站的运转必须放在首位，国际极地基金的工作人员透露说，科考站内其实还是装置有2台柴油发电机以备不时之需，但自科考站投入使用以来，还从不曾发生过需要使用柴油发电机的机会。

3. 加州科学院（如图6-20）

加州科学院坐落在旧金山的金门公园内，成立于1853年，主要开展自然历史研究。除了各个研究中心外，还包括对普通民众开放的水族馆、自然历史博物馆、植物园等共12栋建筑。2005年，除仅留一面外墙外，这12栋大楼统统被推倒，以整合成一座环保型综合性大楼。大楼的设计者是意大利设计师伦佐•皮亚诺。他说，加州科学院有三个功能：展览、科普教育和科学研究。新大楼的理念是将这三者有机结合起来。

为了最大限度地借助自然光，大楼外侧通体使用了玻璃墙和玻璃窗。这样大楼建成后90%的区域都将被自然光照射，另外10%的区域照明将使用太阳能。走进大楼一层，正面是一块沼泽池，池塘边树木繁茂，池中将养殖路易斯安那州的鳄鱼。沼泽地和地下相通，观众在地下的水族馆游览时，透过玻璃墙能够看到沼泽地水下的景观。沼泽地两旁各有一座穹形建筑。左边的穹形建筑是天文馆，右边是热带雨林。热带雨林被直径约28m的玻璃罩起来，以保证约30℃的恒温，屋顶是可移动的，以方便阳光射入。

进入"雨林"首先要经过一条长廊。长廊旁有一座珊瑚礁池，这些珊瑚从菲律宾沿海取来，因为那里面临的生态威胁最严重。珊瑚礁池和地下水族馆用的海水从4km外的太平洋深海抽取，加热后流经大楼一层地板，在冬天能提高30%的取暖效率。

从热带雨林的顶层可以走到科学院大楼的屋顶，这也是最引人注目的地方。屋顶面积$2.5hm^2$，模仿山势起伏，共有7个隆起的山丘。这种起伏的姿态实际上是经过测算的，根据冷空气下沉热空气上升的原理，可形成大楼内空气的自然流通，并起到绝缘作用，减少了对空调的依赖。屋顶种植了170万株当地植物，它们每年可吸取757万L的雨水，省却人工灌溉之劳，多余的雨水还可用来冲洗厕所。大楼尽量使用环保和可回收材料。原先12栋楼房被推倒后的建筑材料有90%得到了回收利用，其中包括9000t混凝土和1.2万t钢筋。混凝土中还加入了15%的粉尘和35%的矿渣。废旧牛仔服被切成条状，用做隔声墙的内嵌材料。

(a)   (b)

(c)

图 6-20　加州科学院

4. 北京朝林酒店（如图 6-21）

　　朝林酒店位于北京经济技术开发区，是集购物广场、商业写字楼、星级酒店于一体的大型建筑群。该项目是北京经济技术开发区规划建设的第一个综合性商务核心区域。设计中强调公共空间的层次感，在变化与简洁之间把握适度的平衡。

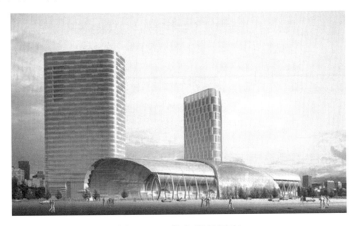

图 6-21　北京朝林酒店

置换式新风系统与分散式外墙新风装置：朝林酒店是由五合国际建筑设计集团负责设计的高科技综合酒店项目。它采用的分散式新风系统将过去集中的送风口分散开，使室外空气从房间下部各方位缓慢流入室内，旧空气从上部溢出，整个室内充满了由新鲜空气形成的"新风湖"。在采用这种新风系统的房间中，工作者能直接呼吸到室外的新鲜空气，感受到空气的湿润，闻到空气中雨后泥土的芳香。分散式新风系统能够将外部环境的变化直接传达给室内工作者，满足了人们对自然界感知的心理需求。与此同时，由于没有使用过的旧空气被循环输送回室内，避免了交叉感染；缓慢流动的送新风方式，也解决了传统方式中的风感和噪声问题。系统示意图如图6-22所示。

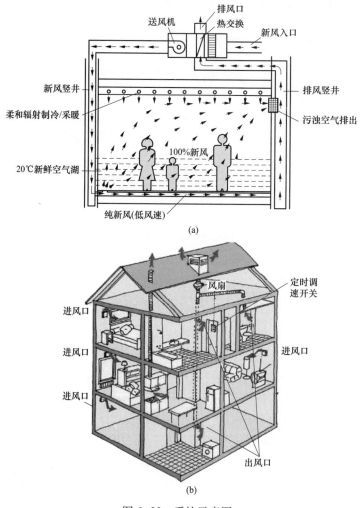

图 6-22　系统示意图

同时，还具有高效太阳能光伏发电：朝林酒店项目中采用的高效太阳能光伏发电系统，将具有遮阳效果的玻璃顶棚太阳能发电系统，设置在酒店玻璃顶，发电功率可达 0.1kW/m^2。

第七章　广义建筑节能的
能源规划与能效管理

有人认为建立新形式的标准化是走向建筑和谐的唯一道路，并且能用建筑技术加以成功地控制。而我的观点不同，我要强调的是建筑最宝贵的性质是它的多样化和联想到自然界有机生命的生长。我认为这才是真正建筑风格的唯一目标。如果阻碍朝这一方向发展，建筑就会枯萎和死亡。

——阿尔瓦·阿尔托

正是那些发达国家的城市造成了全世界范围内的环境恶化，因为他们的发展，建立在对资源的不可持续性利用和消耗基础之上。如果发展中国家重蹈覆辙，那么就将意味着，我们很快会面临大规模的生态系统崩溃……我们必须竭力发展出另一种城市模式。

——迈克·詹克斯

据统计，人类从自然界获得50%以上的物质原料用来建造各类建筑及其附属设施，这些建筑在建造与使用过程中又消耗了全球能源的50%。中国正处于工业化和城镇化快速发展阶段，直接建筑能耗占总能耗的30%，单位建筑面积能耗是发达国家的2~3倍，对社会造成了沉重的能源负担和严重的环境污染，这已成为制约我国可持续发展的突出问题。

在环境恶化和能源日益不足的情况下，我们需要一种对自然既非掠夺又不是过度保护的态度，一种对有限资源加以理性运用的态度。而这时，建筑利用太阳能显得更具战略意义。无论是生物气候建筑还是自治建筑，都是以节约不可再生能源、充分利用太阳能为出发点。因此，太阳能利用不应是一种单纯的意识形态，而应成为建筑可持续发展的真正经济要素。

第一节　城市能源规划的背景与战略

一、城市能源的背景

我国能源规划必须立足于本国国情，与人文素质与中国现代化程度等密切相关。人文素质是一个国家节约能源意识强弱的一个基本反映。现代化程度其实也是国民消费水平的一个重要体现，同时也是国家整体经济效益的体现。其中在机动车和小轿车、通信设备、高等教育化水平、城市化水平等方面，我国与世界及发达国家存在明显的差距。如图7-1~图7-4所示，反映在能耗方面就像我国GNP与世界水平的比较一样，总量较大而人均较小。

城市能源问题是最亟待解决的核心问题。据联合国人口基金会的预测，到2030年，全世界人口将达到82亿，60%以上的人口将居住在城市。目前，世界人口已达64亿，其中30亿居住在城市，占总人口的48%。有限的化石能源资源面临巨大的人口和经济增长的压力，城市的可持续发展必须寻找最适合的能源解决方案。

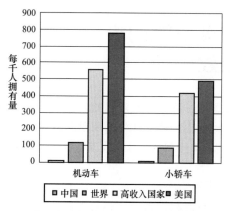

图 7-1　中国与世界机动车和小轿车拥有量比较图

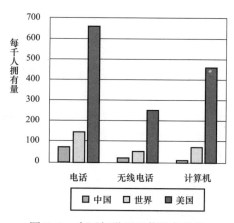

图 7-2　中国与世界通信设备比较

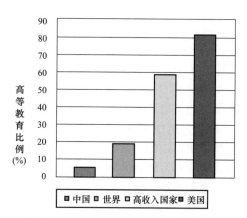

图 7-3　中国与世界高等教育状况比较（1997）

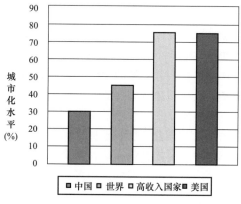

图 7-4　中国与世界城市化水平比较（1998）

　　城市交通和建筑是城市能源的两个主要能耗部门，已各占世界总能耗的 30%。也是城市发展中公众关注的重点。随着城市机动车保有量的快速增长和城市建筑热潮的兴起，交通拥堵与建筑高能耗已成为现代城市之疾。城市快速公交系统的建立和建筑节能，是应对这些问题的有效措施。美国家用汽车和小卡车耗油在美国整体耗油中所占比例高达 40%。为降低汽车耗油及其对环境的污染，能源法出台了多种措施，以鼓励节能、洁能。如购买重量在 8500 磅以内的氢能源车买主，最低可享受 8000 美元的减税优惠，超过 8500 磅的氢能源车买主，还可享受更高的减税优惠。油电双动力车也是能源法鼓励人们购买的车种。

　　根据迈克·詹克斯"紧缩城市"的概念，高度密集化的紧缩城市在促进可持续性发展方面的主要作用体现在，通过城市的紧缩化和贯穿城区的公共交通网络来降低居民对小汽车的依赖性和燃油消耗。在对城市密度与燃油消耗的关系进行研究的过程中，纽曼和肯沃西（1989 年）认为传统的高密度城市和乡村地区更能有效地使用能源。

　　我国的新能源和可再生能源，具有很大的开发利用潜力。资料显示，我国太阳能、风能资源储量十分丰富，我国 2/3 以上的地区年日照时数大于 2000h，年均辐射量约为 5900MJ/m^2。我国在 20 世纪 70 年代末，就开发了太阳能热发电技术。

当今世界能源的紧张已愈演愈烈，它已经成为全球政治冲突——战争的导火线。但很多发达国家乃至一些志士仁人，却把能源紧张和由能源消耗所引起的资源环境恶化等问题统统归谬于发展中国家。他们认为，"……发展中国家人口快速增长的城市，给环境带来了沉重压力，既然如此，我们就应该把关注的焦点瞄准这些地区，以解决日益严重的环境问题。但是需要指出的是，发达国家许多城市的相对富足，不仅远远没有为我们减轻压力，相反，它们还加剧了不可持续发展这一问题的严重性。正是在这些城市里，对资源的透支性消耗及利用，产生了最主要的全球性效应。平均起来北美地区的城市所消耗的能源，是所有非洲国家城市消耗量的 16 倍之多，也是亚洲或南美城市消耗量的 8 倍之多。同样，在温室气体排放的问题上也呈现出类似的现象，只是程度上有所减弱。尽管欧洲也是一个能耗相对较高的地区，但与北美比起来，其人均能耗量也只是后者的一半（联合国环境大纲，1993 年；WRI，1995 年）。怀特（White，1994 年）指出，正是那些最发达的城市造成了全世界范围内的环境恶化，因为它们的发展，建立在'对资源的不可持续性利用和消耗'的基础上。如果发展中国家再重蹈其覆辙，那么就将意味着，'我们很快会面临着大规模的生态系统崩溃……我们必须竭力发展出另一种城市模式'"。❶

二、我国城市能源安全的应急问题

2005 年冬，河南郑州等城市继北京之后陷入天然气供应紧张的困境。"气荒"成为继"电荒"、"油荒"之后大家关注的新问题。美国总统布什曾说过，美国政府的核心任务就是保证美国能源供应的安全。现代社会生活中，能源供应的中断意味着文明的中断，人民无法生产生活，社会陷入一片混乱，保障能源供应的持续稳定是政府执政能力最基本的核心要务。中国能源网信息总监韩晓平指出，城市能源问题是城市发展和安定和谐的重要环节，正逐步被城市管理者们重视起来，现在关键是如何在可持续发展和市场经济环境下解决好这个问题。执政者对城市能源供应问题普遍重视不足，郑州暴露的问题在全中国都具有普遍性——很多城市的管理者对于能源供应的安全性、资源维持的持续性、能源结构的合理性以及能源经济承受能力与城市竞争能力之间的关系基本一无所知。一旦发生问题首先想到的是如何推诿、怨天尤人，而不是怎样吸取教训、总结经验、转变机制，从根本上解决问题。一个城市自己的能源自己不管理，完全交由中石油、中石化或国家电网公司等全国性大企业保障，如果每一个城市的能源都将交由这些企业负责，它们必力不从心难免有疏漏。中国经济进入了一个快速发展的时期，能源需求日益增长，供应瓶颈将成为一个长期的问题，城市必须学会管理自己的能源，因为这是保障城市发展的关键环节，是对城市管理者素质的基本要求。❷

三、城市能源的规划及其战略

能源效率问题已引起我国政府的重视，能源法的出台就是能源战略的一个积极举措。作为业界，我们的重视应体现在城市规划及景观设计、建筑设计、节能设备和一系列的能源管理方面。欧文斯在《能源规划与城市形态》中探讨了新能源与建筑开发的关系，并提出后者可以有效地利用（主动或被动）太阳能，并借助技术含量的节能性景观实现水能和风能的采集。这些

❶ 迈克·詹珂斯. 紧缩城市——一种可持续发展的城市. 中国建筑工业出版社，2004.6.
❷ 易蓉蓉. 城市能源安全如何保障——郑州天然气困境考验政府执政能力. 科学时报，2005-12-26.

措施所需要的空间密度意味着：彻底依赖于可再生资源的建筑方案是与高密度的城市空间结构水火不相容的。她提倡灵活使用能源的土地利用形式，以便使人们从"综合的热能系统"及技术含量低的设施中受益。

结合我国的能源现状与实际，我们认为：开发利用新能源和可再生能源，就必须走这样一条良性循环的发展之路。另外，要加大宣传力度，营造有利的社会环境，使各级领导和广大社会公众，都能认识到开发利用新能源和可再生能源替代常规燃料的重要性。为此，政策的制定与战略规划方面应考虑以下几点。

（一）依法制定城市能源规划战略

中华人民共和国可再生能源法已于 2006 年 1 月 1 日实施，该法所指的可再生能源，是指风能、太阳能、水能、生物质能、地热能、海洋能等非化石能源。

国家将可再生能源的开发利用列为能源发展的优先领域，通过制定可再生能源开发利用总量目标和采取相应措施，推动可再生能源市场的建立和发展。鼓励各种所有制经济主体参与可再生能源的开发利用，依法保护可再生能源开发利用者的合法权益。该法将可再生能源开发利用的科学技术研究和产业化发展列为科技发展与高技术产业发展的优先领域，纳入国家科技发展规划和高技术产业发展规划，并安排资金支持可再生能源开发利用的科学技术研究、应用示范和产业化发展，促进可再生能源开发利用的技术进步，降低可再生能源产品的生产成本，提高产品质量。

（二）加快新能源和可再生能源并网发电

我国风能资源也非常丰富，依据全国 900 多个气象站的资料分析与评估，我国风能总储量为 32.26 亿 kW，其中可开发利用的为 2.53 亿 kW。风力发电是技术最成熟、最具开发前景的可再生能源，被誉为"绿色电力"。

但是我国风能资源较好的地区，往往又是经济发展缓慢的地区，所以当地的电网建设也比较薄弱。例如，新疆是我国风能资源最好的地区之一，但该地区是独立电网，和内地不相连，而且其内部电网也划片分块，相互之间属于弱连接。为此，国家应尽快制定一整套支持电网公司进行输变电设施建设和改造的政策，运用市场化手段鼓励电网公司支持太阳能、风能等可再生能源并网发电。支持太阳能优先发电，电网辅助供电系统的建设（如图 7-5）。

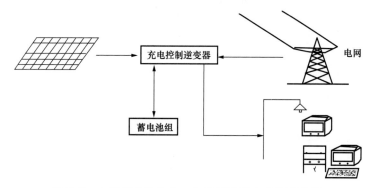

图 7-5　太阳能优先发电，电网辅助供电系统原理图

132

（三）要降低进口关税、经营增值税率

要降低新能源和可再生能源发电设备进口关税、经营增值税率。还以风电为例，我国风电厂建设投资的75%是用于购买风电机组，而目前我国风电设备90%以上都从国外进口，设备进口税进一步提高了风电机组的价格，从而也加大了风电成本。另外，目前我国虽然对风电企业实行增值税减半征收政策，但由于风电没有增值税进项抵扣，实际上风电企业所缴的税并不低。在国外许多国家，对风电产业制定了很优惠的税收政策。如印度，风电设备制造业和风电业增值税全免，工业企业利润用于投资风电部分可免交36%的所得税。

此外，一般风电厂的年利用时数基本在2000~2400h，而煤炭、石油等常规能源发电厂的年发电时数约为5000~6000h。高昂的造价和较低的机组利用率致使风电厂发电成本大大高于火电。目前，我国风电价格约为0.5~0.6元/（kW·h），而火电是0.3元/（kW·h），风电价格高出火电价格的一倍。在当前国内绿色电力消费意识还比较薄弱的情况下，需要国家给予一定的政策补贴，使投资者有钱可赚，以促进风电场上规模，加快发展。

国家应根据还本付息微利原则，合理测算新能源和可再生能源的上网电价，并在初始阶段给予政策补贴。以风电来说，电价是开发利用和发展风电必须突破的瓶颈。由于我国风电设备主要依靠进口，风场规模小，联网和道路交通设施等原因，风电场建设的前期投入大，风电的初始成本普遍较高。资料显示，近年来，我国风电场的造价约为8000~10 000元/kW左右，相比造价在5500元/kW左右的煤炭、石油等常规能源发电厂来说，风电厂的造价要高出40%以上。但新能源比石化能源在节能方面有着明显的优势（如图7-6）。

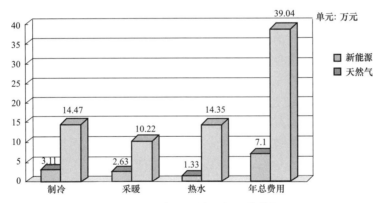

图7-6　新能源系统运行经济分析

（四）优惠的信贷政策扶持

新能源和可再生能源的开发利用，需要优惠的信贷政策扶持。再以风电为例，风电属国家鼓励发展的新型产业，但一直是按照一般竞争性领域固定资产投资贷款政策，贷款利率无优惠，还贷期限又短。我国火电项目还贷期限为13~18年，水电项目还贷期限为18~25年，而风电项目还贷期限只有7年，加之风电场的设计寿命一般只有20年，这样就造成风电项目建成后还贷压力大，财务费用高，进而形成风电价格高，降低了风电的市场竞争力。新能源和可再生能源是新兴产业，一次性投入都比较大，而且在初始发展阶段的规模都比较小，本着扶持的原则，建议将太阳能、风能等新能源和可再生能源项目还贷期限适当延长，真正起到贷款扶持的作用。

（五）加强城市能源侧管理

通过能源需求侧管理来优化电力需求结构，减少电力系统各个环节的浪费，也是能源优化的一个重要步骤。在市场经济条件下，需求一侧电力使用结构越趋向合理，波动范围越小，需求越持续稳定，供电一侧的发电效率就越高，设备使用率自然相应增加，而输配电一侧同样提高效率，这种优化的最终结果就是提高各方的经济效益，达到共赢。

优化能源结构的关键在于建立执行团队，国际上正在蓬勃发展的ESCo-能源服务公司机制是优化能源需求的最佳组织结构——通过专业化的能源运行管理企业接管用户的能源设施；通过"合同能源管理"方式，托管用户的能源系统；通过对用户系统的改造和完善管理实现节能和控制能耗；通过提高终端能源利用效率来接受用户的能源费用，从而通过与用户分享节能收益来满足能源服务公司投资回报。很多专家都认为，中国能否实现既定节能目标、实现可持续发展取决于能源服务公司的普及速度。❶

（六）依靠科技进步，推进国产化进程

依靠科技进步，大力提高太阳能、风能等可再生能源开发设备的制造能力，大力推进太阳能、风能发电设备的国产化进程。新能源和可再生能源产业技术含量高，涉及学科多，必须依靠科技进步，提高自主开发的技术支撑。大、中型风力发电机组的研制，就涉及空气动力学、流体力学、微电子、自动控制等多种高新技术，应当列入国家计划，加大投入力度，组织跨行业联合攻关，以加快突破技术瓶颈，尽快研制和生产具有自主知识产权的风电设备，减少对进口设备的依赖，以降低风电场投资成本。同时，要在国家的支持下，促成多部门的联合开发。比如，为进一步开发利用太阳能，就需要实现太阳能研究的跨行业发展，促进太阳能企业、建筑节能研究与房地产的紧密结合，让太阳能真正走进千家万户。

（七）大力发展软技术与软能源

软技术与软能源是相对于传统技术与能源而言的，"大多数常规的资源密集和高度集中的技术目前已经受到局限。核能、大量耗费汽油的汽车、石油资助的农业、计算机化的诊断工具以及其他许多高技术企业都是反生态的、引起通货膨胀和不健康的。……虽然这些技术常常涉及电子学、化学和现代科学其他领域中的最新发现，但是，它们被开发应用的背景是笛卡儿的实在概念。它们必须为新技术形式所取代，这些新技术体现了生态原则，并且与新的价值系统相一致。"❷

世界上很多绿党把工业文明的机械技术称之为"硬技术"，而把他们提倡的技术称之为"软技术"。绿党认为，工业文明的硬技术破坏自然和危害人类的本质，就在于它的机械思维方式和统治自然的人类中心主义价值观。软技术必须保护生态环境，维护自然界的生态平衡，理智地使用自然资源，对自然采取和平的、非暴力的利用方式。软技术尊重人性人情，是自力更生的和劳动密集型的，因此是小规模的和分散化的。这种技术只能存在于对社会需要的工作进行公平分

---

❶ 易蓉蓉. 城市能源安全如何保障——郑州天然气困境考验政府执政能力. 科学时报，2005-12-26.

❷ ［美］弗里乔夫·卡普拉. 转折点——科学社会和正在兴起的文化. 成都：四川科学技术出版社，1988：392.

配，没有失业的存在。人们生活在社会经济共同体中，这种社会经济共体是人们自愿地组织起来的，最能表现人们在社会中的联系和民主的权利。

从硬技术转向软技术，这是城市能源规划和建筑能效提高等方面最为急需的一种新理念。"我们目前能源危机的最深刻的根源在于浪费性生产和消费的模式，这已成为我们社会的特征。为了解决这一危机，并不需要更多的能量，更多的能量只会进一步加剧我们的问题，我们需要对我们的价值观、态度和生活方式进行深刻的变革。但是当我们追求这一长期的目标时，我们需要把能量生产从不可再生资源转向可再生资源，从硬技术转向软技术，从而达到生态平衡。"按照洛文斯的观点，在"硬能源道路"的政策中，能量是从不可再生资源——石油、天然气、煤、铀——通过使用高度集中的、严格程序化的、不经济的、有害的技术生产出来的。……能源危机的唯一出路是走"软能源道路"，软能源道路有三个组成部分：① 通过有效地利用来节约能量；② 在过渡时期明智地使用目前的不可再生能源作为"桥梁燃料"；③ 迅速发展从可再生能源中生产能量的技术。

软技术在能源生产上，反对硬能源道路，如放弃核反应堆、采煤、天然气、石油等。大力提倡软能源，如利用风力、水力、地热、太阳能等环境保护的再生能源。

在资源的利用上，反对工业技术极端地浪费资源的生产方法，主张采取封闭式的再循环技术，以便对资源进行多次利用和综合利用。在农业生产上，要发展生态农业、林业农业，减少化肥、农药的使用率，以促进自然生态系统恢复元气。基于此，城市不仅要管理好自己的能源，更需要将自己的能源需求作为一个市场来经营运作，为买卖双方搭建交易平台，在必要时要代表广大不具备直接交易权利的市民和中小企业与能源供应商和垄断企业进行交易。

四、替代能源和可再生能源

自20世纪90年代起，我国国内生产满足了全国90%以上的能源需求。以当前的技术、资金和探明储量，要提高国内生产是可能的，但这只是短期的解决办法，而节约效应也是有限的。如果没有其他办法，能源安全和自力更生政策的可持续性就有问题。根据国家可再生能源中长期发展规划，2020年可再生能源在总能源中的比重将从目前的7%提高到16%。具体目标是：水电装机容量2.9亿kW，生物质发电2000万kW，风电3000万kW，太阳能发电200万kW。

因此，我国很重视替代能源和可再生能源的研究与开发。原发改委主任马凯认为，中国将充分考虑自身资源特点以及维护国际能源市场稳定的责任，坚持把主要依靠国内解决能源供给问题，作为维护中国能源安全的基本方略，加快能源工业发展，增强国内能源供给能力。中国很早就开始利用水能，其他可再生能源也越来越受重视。

统计数据表明，到2006年年底中国的水电装机容量达1.29亿kW，在世界各国中排名第一，此外，中国还有8000万 m^2 的太阳能集热设施，91个风电场的合计容量达260万kW。2006年全国发电总装机容量为6.22亿kW。

中国有世界上最丰富的水力资源，2/3的潜能还没有开发，风电和太阳能的开发利用则处于起步阶段（如图7-7～图7-9）。中国的可再生能源潜力巨大，如燃料乙醇、煤基醇醚燃料和液化煤等替代能源的发展前景也十分广阔。

图 7-7 三峡水电站总装机容量达 1820 万 kW, 将于 2009 年全部投产

图 7-8 江苏田湾核能发电站 (2007.6 一号机组投入商业运营)

图 7-9 新疆达坂城 2 号风电场 (装有 157 台风机, 总容量达 8.28 万 kW, 是中国最早开发和规模最大的风电场之一)

第二节 高效低耗建筑

在生态设计的时代，建筑师如何考虑能耗问题至关重要。本章讨论了以下问题：建筑能耗，建筑设计中的能耗与生态环境之间的关系，以及如何提高建筑能效。生物气候建筑是追求舒适、健康、高效率、低能耗的绿色建筑，是通向可持续的未来建筑。

一、建筑能耗

所谓建筑能耗，国内外习惯上理解为使用能耗。即建筑物使用过程中用于采暖、通风、空调、照明、家用电器、输送、动力、烹饪、给排水和热水供应等的能耗。在发达国家，建筑能耗占总能耗的30%~40%。这一比例的高低，反映了一个国家经济发展和人民生活水平的高低（如表7-1）。我国是最大的发展中国家，中国建筑能耗的总量逐年上升，在能源总消费量中所占的比例已从20世纪70年代末的10%上升到近年的27.45%，其中北方地区采暖能耗就占了80%（如图7-10）。

表7-1 世界各国主要年份按汇率计算单位GDP能耗及国际比较统计（1980~2001） 单位：千克油当量/美元

国　　家	1980年	1990年	2001年
美国	0.47	0.23	0.15
日本	0.22	0.10	0.08
德国	0.31	0.16	0.13
英国	0.25	0.15	0.11
法国	0.20	0.12	0.13
意大利	0.23	0.11	0.12
主要发达国家平均水平	0.28	0.15	0.12
韩国	0.48	0.24	0.27
马来西亚	0.26	0.30	0.35
泰国	0.29	0.25	0.39
巴西	0.42	0.17	0.23
新兴工业国家平均水平	0.36	0.24	0.31
菲律宾	0.24	0.22	0.24
埃及	0.53	0.22	0.34
印度尼西亚	0.24	0.30	0.49
人均GDP与我国相当国家平均水平	0.34	0.25	0.36
中国	1.04	1.24	0.49

注 根据《中国发展报告2005》，数据为2001年12月31日采集。

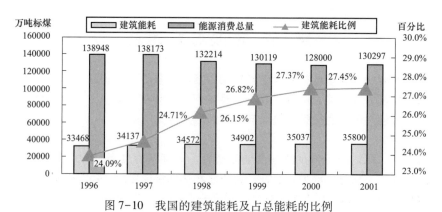

图 7-10　我国的建筑能耗及占总能耗的比例

引自：郎四维，中国建筑环境设备发展动向，上海 2003 中日建筑环境设备高级论坛论文集，2003. 11，上海。

　　我国能源利用率不高，能源平均利用率只有 30% 左右。每一美元 GDP 的耗能量是世界平均水平的 3 倍，是所有发展中国家平均水平的 2 倍，节能潜力很大。

　　自 20 世纪 70 年代中东石油危机以来，建筑节能成为发达国家关注的热点。而 90 年代提出可持续发展理论和环境资源保护的紧迫性以后，建筑节能更成为世界各国关注的热点。这几十年间，除了建筑节能技术的日臻完善之外，人们对建筑节能的认识也在逐渐深化。特别是能源需求侧管理（DSM，Demand Side Management）理论，使建筑节能的观念有了深刻的变化。观念的转变会给建筑节能的技术路线、发展战略和政策导向带来深刻影响。

　　美国伯克利加州大学的 Alan Meier 用一幅坐标图说明了这种关系（如图 7-11），图中斜线

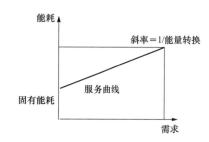

图 7-11　需求与能耗的关系

称为服务曲线。很明显，需求越大，提供的服务越多，能耗量也就越大。而斜线的斜率的倒数，就是能量转换效率。如果人们试图保持原来的能耗量来满足更大的需求，唯一的办法是减小服务曲线的斜率，即提高能量利用率。

　　从图 7-11 中还可以看出，服务线的起点并不是原点。这一段能耗量叫做"固有（standby）能耗"。它主要由三部分能耗构成：① 设备"大马拉小车"；② 建筑或设备的"跑冒滴漏"和冷热损失；③ 某些设备（例如电脑或电梯）在"待机"即非运行状态下的耗能。这一部分的耗能属无谓的耗能，是需要尽量减少或消除的。能耗、建筑演进及人与自然的关系见表 7-2。

表 7-2　　　　　　　　　　　　能耗、建筑演进及人与自然的关系

建筑历程	能耗状况（阶段）	人与自然的环境关系
掩蔽所（shelter）	低能耗、无能耗	均为自然界的客体，人基本上处于被动适应状态
舒适建筑（comfortable building）	高耗能	向自然界大肆索取能源，追求舒适、高消费，造成高能耗、自然资源锐减。强调人是自然界的主体

138

建筑历程	能耗状况（阶段）	人与自然的环境关系
健康建筑（healthy building）	高耗能	强调人是自然界的主体，主张人类要征服自然。但也开始注意到人与自然的矛盾所带来的危害，人类逐步追求与自然的和谐、健康发展，但仍处于高能耗、低效率的阶段
绿色建筑（green architecture）	高能量效率	大量利用可再生能源（Renewable Energy）和未利用能源（Unused Energy）亲近自然和保护环境，从天然自发的生态环境向人工与自然共存的自觉的生态环境回归

　　由表7-2可见，人类对建筑的需求状况与能耗、人与自然环境的关系密切相关。我国普遍尚处于从第一到第二阶段之间，因此我国的能源消费结构中建筑能耗的比重还不大。但从我国经济发展和人民生活水平提高的速度来看，21世纪初必然会走到第二和第三阶段，必然会给能源和环境带来巨大的压力。我国能不能避开发达国家的老路，在现有建筑能耗比例的基础上直接跨入第四阶段呢？

二、建筑师在设计中如何考虑能耗的问题

　　目前，在建筑师尚未很好地借助于设计本身来提高建筑节能的情况下，只好求助于人工设备来取得相对适宜的室内人工环境。但它是以牺牲大量的不可再生能源为代价。因此，空调成为主要的手段，而空调占据建筑直接能耗的一半已成为不争的事实（如图7-12）。分体式空调并非权宜之计，它不仅对居住者的健康带来不利影响外，而且影响了建筑物的外观，甚至影响建筑物的安全与城市景观（如图7-13）。

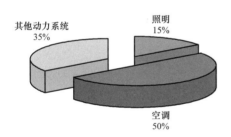

图7-12　上海地区的建筑能耗构成

图7-13　北京某建筑装满空调压缩机的外墙

　　围护结构在建筑总能耗中所占比例约为72%，若以其为100%作基数，外墙的能耗传热量24%，屋顶能耗22%，地面能耗15%，窗户的传热量占20%，空气渗透量能耗为13%，后两者相加则约占建筑全部耗热的1/3，可见窗户在建筑能耗中占有较大的比例。

　　就宏观而言，建筑节能无非有三条途径来实现：第一为"设计节能"，即建筑师从建筑设计方案就开始考虑降低能耗的因素，如太阳能、建筑体型、气候、朝向、建筑色彩、地方资源、建成环境等，把这些因素综合考虑并体现在建筑方案中，也即降低能耗始于设计。第二为"终端节能"，可通过建筑设备的智能化设计来实现终端节能。第三为"建材节能"，必须从材料的生产、加工、使用，乃至建筑物的整个生命周期来考虑。三个方面相辅相成，共同构成节能的系统工程。而将设计、终端、材料三个"硬件"系统有效地糅合在一起，并发挥建筑的整体系统的最优化的"软件"是管理。建筑一旦运行，好的管理系统可以降低能耗，提高建筑系统的整体运作水平。

可被建筑师利用的措施是那些在20世纪一直使用，但在建筑中很大程度上被忽略的措施，它们与如下方面有关：建筑朝向的最优化，遮阳与采光之间的平衡，开关灵活节能效果明显的窗户，良好的墙体隔热和防渗漏结构，热工性能良好的建筑材料，减少较大热波动等。

设计合理的建筑物仅能靠自然的传热和通风措施，就能提高建筑的舒适度。对于使用率高、有污染或结构复杂的建筑物，需要辅之以人工的积极措施，这取决于建筑环境的重要程度。一个综合使用人工方法的建筑物，被认为是"混合模式"建筑。我们知道几乎所有建筑都需要人工照明，且多数较大的建筑，白天需要一定数量的人工照明。在非住宅的建筑中，除了空调，最高能耗是照明。一个有效利用太阳光的建筑物，它的设计和照明设施的装配规格应该是合理有效的，且它简单并容易控制（如图7-14~图7-17）。如图7-18所示，德国展览中心的幕墙全部用百叶代替玻幕，而且都是自动调节光线的。从室内（如图7-19）我们可以感觉漫反射的光线非常柔和均匀，不刺眼。利用自然光不仅取得良好的室内光环境，而且大大提高了建筑可再生能源的利用效率。

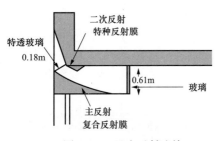

图7-14　昼光反射遮檐

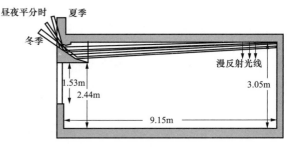

图7-15　利用昼光反射窗改进室内照明

图7-16　空气流通

图7-17　维护结构的耗能比例

140

图 7-18　全部以百叶做幕墙的德国展览中心

图 7-19　德国展览中心室内采光效果

很多大型的建筑物需要用人工方法来增加自然通风和蒸发的效果。最简单的形式是在整个建筑物内安装风扇，以确保在无风的热天有足够的通风和空气流通。然而，自然通风或借助风扇通风，只能使在建筑物内循环的空气和进入的空气同温。冷却能明显的降低室内温度，但这样一般要有相当多的能耗和花费。因此，建筑物有制冷的房间应密封，这些被密封的环境只能依靠机械系统的维护、控制和管理来维持室内空气以达到指定的温度、湿度和良好的空气质量。

虽然人工冷却应尽可能避免，但也应考虑在环境中引入辅助冷却的灵活方法，包括建筑物蓄热和夜间冷却的结合、空气循环制冷、空调以及自然冷藏的使用，如蓄水层、湖和海。同时注意能效的提高和环境声学设计的效果。

一想到建筑中的能量消耗，我们通常会想到采暖。在敞开的火炉边，火与其说是热源，不如说是通风设备，因为多数热空气从烟囱散失，而冷空气从烟囱进入室内，辐射热在火源近处很强，远处则有不舒适的风吹来。随着"中央"采暖的出现，室内所有空间都被加热到舒适度和温度都接近的程度。然而人们的保温观念与供热相比显得明显滞后。

一个隔热良好，并能将结构渗漏降至最轻程度的建筑，会有比较经济的采暖效果。

像夏季降温一样，冬季采暖暗示着建筑在窗、大厅和自由渗漏结构周围有着双重密封。在这种高度隔热的建筑中，需要引入一些室外空气来通风，理想的情形是空气在建筑物内循环之前经过热源，建筑师的实践表明：当室内空气变得污浊且没有造成对采暖系统不适当的使用时，可以用这种方法提供新鲜空气。

三、城市能源问题

关于能源的定义，目前约有 20 多种。《科学技术百科全书》说，"能源是可从其获得热、光和动力之类能量的资源"；《大英百科全书》说，"能源是一个包括所有燃料、流水、阳光和风的术语，人类用适当的转换手段便可让它为自己提供所需的能量"；《日本大百科全书》说，"在各种生产活动中，我们利用热能、机械能、光能、电能等来做功，可利用来作为这些能量源泉的自然界中的各种载体，称为能源"；我国的《能源百科全书》说，"能源是可以直接或经转换提供人类所需的光、热、动力等任一形式能量的载能体资源。" 可见，能源是一种呈多种形式的，且可以相互转换的能量的源泉。确切而简单地说，能源是自然界中能为人类提供某种形式能量的物质资源。

对城市而言，能源问题实质上就是影响城市生态安全最重要的问题之一。首先，能源短缺、能源危机会导致城市生态安全出现问题；其次，能源效率低、能源浪费会造成环境污染，这自然也将对生态安全构成威胁。地下矿产资源有限，而且短期内不可再生。20 世纪初世界能源需求量约 50 年增加一倍，其后 15~20 年再增加一倍，现在倍增的速度还在加速，意味着人类活动有使地球上的能量交换失去平衡的危险。不仅面临"能源危机"，也对生态环境平衡产生了破坏。

我国已成为世界能源生产大国，这是量方面的优势，但也面临着很大的挑战，如人均能源低，能源效率低，人均能源资源不足，以煤为主的能源结构急需调整。另外，大量消耗煤，造成环境污染严重，同时由于煤炭产销距离远，造成交通运输压力大。1995 年，中国煤炭消费量占世界地 29%。70% 的 TSP、90% 的 SO_2 与 NO_x、85% 的矿物燃料生成的 CO_2 来自煤燃烧。1996 年我国已开始成为能源净进口国，这就意味着我国能源有一个供应安全问题。

我国温室气体排放量仅次于美国，居世界第二，环保形势非常严重。一方面美国等发达国家在保护地球问题上对我国施加巨大压力，另一方面，我国以煤炭为主的能源结构在较长时间内不能改变，这对我国实现经济和社会的可持续发展是一个严峻的挑战。

因此，我国中长期能源发展战略应考虑：节能优先战略，优化能源结构，发展清洁煤技术，保证能源供应安全（多元化、多边化和多途径储备制度，石油的替代产品开发），提供优惠政策推动可再生能源的优惠政策。

工业发达国家建筑能耗占总能耗的 30%~50%，我国的建筑能耗也达总能耗的 30% 以上。建筑物的数量增长速度远远超过能源的生产速度。建筑节能已越来越重要，各种主动、被动节能及优化建筑方案、地方性节能标准纷纷出台。

四、公共建筑节能与标准化技术和措施

发达国家建筑的能耗现状为：建筑能耗/全总能耗=33%（美国为 40%），按广义能耗统计，1995 年，建筑能耗/全总能耗=41.7%，其中建筑物运行能耗占 15.8%，建材生产能耗占 24.5%，建筑施工能耗占 1.5%。上海依次为 25.4%、13.2%、10.8%、1.2%。

我国城市化水平平均大约为 30%，东南沿海约为 35%。近 5 年我国住宅空调器产量以 40% 的年增长率持续增长，导致能耗的急剧上升，从而对环境带来严重的污染。北方地区供暖耗煤已占全国总煤耗的 11% 以上。长江中下游地区空调器及热泵的发展已使该地区供电出现严重的需求紧张，空调耗电将占该地区总电耗的 30%。城市化的发展使建筑能耗越来越大。

以上海为例，其节能与发达国家相比还存在很大差距，表现在以下几个方面。① 大面积玻璃幕几乎成了流行的立面设计手法，到处套用，加大了空调负荷和环境光污染。② 满足业主求快的心理，设计人员习惯于套用负荷进行估算。③ "建筑节能得益的是购房户""反正今后能耗费用要分摊给用户"等误解。④ 节能和环保两手软，能源建设一手硬。⑤ 智能建筑很重要的楼宇设备管理系统就是以实现节能为目标，可是上海某些智能建筑成了耗能建筑的代名词。上海尚没有出台公共建筑的建筑节能设计规范（标准）。

因此，目前应考虑的关键技术不外乎有：城市能源规划，节能建筑设计，城市微气候改善，建筑自动化，进行公共建筑能耗与节能潜力分析，调查公共建筑能耗（空调、照明、供热水、动力和其他），提出解决问题的办法，物业管理与节能，建筑使用过程中的节能管理，现有建筑的节能改造，制定我国建筑节能标准或法规。选点建设"生态（智能）建筑"的样板，展示节能环保、健康和保护资源的新概念。

五、建筑节能与保护地球环境

由于发达国家建筑耗能占其国内总耗能的 1/3 以上，二氧化碳排放量也占国内总排放量的 1/3，因此建筑节能就具有保护地球环境的更高层次的意义。日本学者提出所谓"寿命周期二氧化碳排放量评价指标（$LCCO_2$）"，以建筑物寿命周期内所有温室效应气体的排放量来衡量其对地球环境造成的负荷，它主要指在建筑设备的寿命周期内，使用机器设备、消耗材料和能源所排放出的温室效应气体，如 CO_2、CFC_S、NO_x 和 CH_4 等，包括从设备、材料的原材料和能源的开采运输、加工制作、安装、运行，直至最终解体全过程中的排放量。$LCCO_2$ 的单位是以 CO_2 中所含 C 元素的质量来表示的，称为 CO_2 的原单位（$12/44 \times CO_2$ 的排放量）。表 7-3 中给出了建筑全过程中 LCC（寿命周期成本）和 $LCCO_2$ 的比较。

表 7-3　　　　寿命周期成本（LCC）和寿命周期二氧化碳排放（$LCCO_2$）

		LCC　100	$LCCO_2$　100
初期建设		28.9	15.7
	规划+地产	3.2	1.6
	结构工程	7.0	6.0
	外装修	4.5	2.3
	内装修	4.8	2.5
	设备安装	9.3	3.2
设计		2.3	0.7
	初步设计	1.6	0.5
	改造设计	0.7	0.2
运行　光热水		17.7	62.7
	空调热源	2.9	11.5
	空调输送	2.6	9.2
	换气	1.6	6.2
	照明插座	4.8	18.4
	电梯	0.6	2.3
	供热水	0.3	1.6
	其他用电设备	1.3	3.9
	厨房用煤气	1.3	5.0

	LCC（100）	LCCO$_2$（100）
上下水处理	1.3	1.1
一般废弃物处理	0.9	3.2
维护管理	22.5	3.4
维护、清扫、警卫	19.3	3.0
一般管理	3.2	0.4
修缮	9.9	3.9
外装、内装修缮	3.2	1.6
设备修缮	6.7	2.3
改造工程	14.5	5.8
内装修改造	4.8	1.6
设备改造	9.6	2.3
废弃处理	4.2	7.8
结构、构造	3.2	6.0
设备	1.0	1.8
氟利昂放出	0	10.8
发泡隔热材料用 CFC11	—	3.9
空调冷媒用 HCFC22	—	6.9

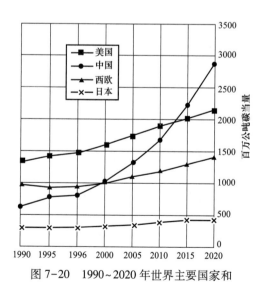

图 7-20　1990~2020 年世界主要国家和
地区能耗增长情况（高经济增长模式）

可见，LCCO$_2$ 既可用来评价建筑物对环境的影响，又可用来评价建筑物的能耗特性。它也标志着建筑节能观念的更新，以及建筑节能与保护地球环境的密不可分的关系。因此，所谓"绿色建筑"，应当是 LCCO$_2$ 尽可能低、能提高使用者的工作效率和生活质量、亲近自然和有益健康的建筑。要减少 LCCO$_2$，关键还是在建筑物寿命周期全过程中提高材料和能源的使用效率。

尽管我国的能源消费增长低于国内生产总值的增长，但如果要维持较高的经济增长率，加上巨大的人口基数，根据预测，到 2010 年能耗总量将赶上西欧各国的总和，而到 2020 年我国将超过美国成为世界第一大耗能国（如图 7-20）。

但是，发达国家却忽略了事实的另一个方面，即中国的人均 CO$_2$ 排放量仅是美国的八分之一。

我们目前还没有雄厚的经济实力来解决温室气体排放问题，我们有限的财力恐怕首先要解决更为迫切的由于贫困造成的环境问题（例如，江河流域植被的乱砍滥伐问题）和影响人民生存的局部地区公害问题（例如，淮河和太湖流域的环境治理）。我们也不能像美国那样，靠中东比较清洁的石油资源来维持自己的能源供应；或者像某些发达国家那样，把污染严重的、破坏生态环境的生产转移到发展中国家。

六、能源消耗带来沉重的环境压力

能耗的迅速增长，带来沉重的环境压力。我们现在所谈及的环境问题，可以分为两个层面，第一是传统意义上的"公害"问题，即大气污染、水污染和固体废弃物污染。第二，也是当今世界上的"热点"，即全球性环境问题。

20世纪后期全球空气污染最严重的十大城市中，中国就占有五席。其实那五座城市在中国绝非污染最严重的城市，只不过是被列入全球大气监测城市之中。我国的国家标准《环境空气质量标准（GB 3095—1996）》中规定的污染物浓度限值要比世界卫生组织的标准高出许多倍，即我国的标准基本上是毫克级的，世界卫生组织的标准是微克级的。即便如此，我国许多城市还达不到国家标准中的二级标准。

我国的大气污染属煤烟型污染，主要污染物是烟尘和二氧化硫，燃煤是形成中国大气污染的主要原因（如图7-21）。据《1997年中国环境状况公报》，我国城市空气质量仍处于较重的污染水平，52.3%的北方城市和37.5%的南方城市的SO_2年平均浓度，34个城市的NO_x年平均浓度，67个城市的TSP年平均浓度均超过了国家二级标准。

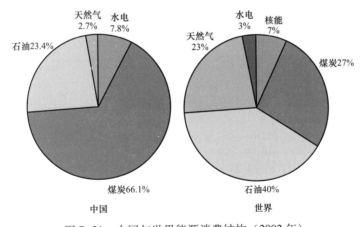

图7-21　中国与世界能源消费结构（2002年）

如果说传统"公害"问题的影响范围还属有限的话，那么全球环境问题的影响则波及地球村的每一位居民，而且无论穷国富国，概莫能外。所谓"全球环境问题"，主要归为以下八类。① 温室气体排放问题；② 臭氧层破坏问题；③ 酸雨（雪、雾）问题（即跨国界的大气污染）；④ 热带雨林的迅速减少；⑤ 生物多样性（包括基因、物种和生态系统）的破坏；⑥ 有害废弃物的越境转移；⑦ 海洋污染；⑧ 土地荒漠化问题。

这八大问题或多或少与人类消耗能量有关，也或多或少与人类大规模的建设活动有关。其中最直接的，也是影响最大的是温室气体排放、酸雨和臭氧层破坏。

所谓温室气体，按联合国气候变化框架公约的定义，主要指二氧化碳（CO_2）、甲烷（CH_4）、氧化亚氮（N_2O）、全氟碳（Perfluorocarbons，PFCs）、氟代烃（Hydrofluorocarbons，HFCs）和六氟化硫（SF_6）等六种气体。氟代烃（如 R134a）尽管因为对臭氧层破坏作用极小而被广泛采用作为空调制冷的替代冷媒，但它仍是一种温室气体，因此并不是理想的替代冷媒。20世纪 90 年代中期各国和部分地区的温室气体排放量如图 7-22 所示。自然界中的 CO_2 平衡依赖于能耗以及生态环境状况（如图 7-23）。

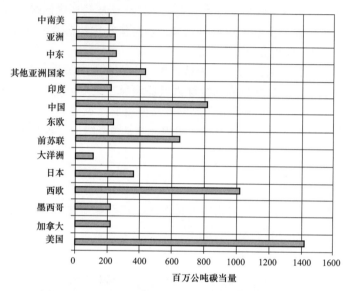

图 7-22　1995 年各国和部分地区的温室气体排放量

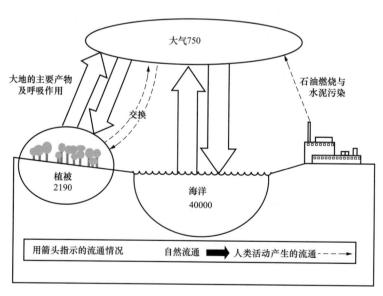

图 7-23　自然界 CO_2 平衡

各种气体都具有一定的辐射吸收能力。二氧化碳、氮氧化物、甲烷等燃烧产生的气体以及氟利昂等气体对太阳的短波辐射是透明的，而对地面的长波辐射却是不透明的。因此，大气中的这些气体达到一定浓度便形成温室效应。根据世界气象组织（WMO）和联合国环境规划署（UNEP）下属的政府间气候变化委员会（IPCC）的分析，来自 CO_2、CH_4 和 N_2O 的长波辐射强度分别是 $1.56W/m^2$、$0.47W/m^2$ 和 $0.14W/m^2$，而来自 PFCs 和 HFCs 的长波辐射综合强度为 $0.25W/m^2$。这使得全球的地面平均温度在过去 100 年中升高了 $0.3~0.6℃$（如图 7-24）。

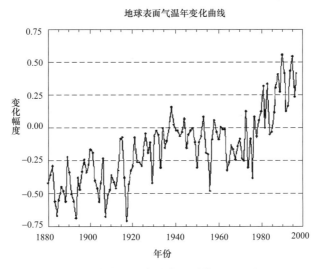

图 7-24　地球表面温度升高的趋势（1880~2000）

1998 年，人们经历了自 1860 年开始有完整气象记录以来年平均气温最高的一个年份。根据世界气象组织的报告，1998 年地球表面平均气温比 1961~1990 年间基准时期平均气温高 $0.58℃$，而比 19 世纪末高出将近 $0.7℃$。1998 年是全球表面气温超出正常值的连续第 20 个年度。

全球温暖化最直接的后果是引起海平面升高。一个世纪以来全球海平面升高近 15~20cm，其中 2~5cm 是由于冰川融化引起，另 2~7cm 是由于海水温度升高而膨胀所引起，余下的则是由于两极冰盖的融化造成的。如果温室气体照常排放，到 2100 年，全球海平面将升高达 50cm，那时我国东部沿海将有 40 000km² 的土地被淹没，受影响的人口达 3000 万。全球温暖化还将造成地下水的盐化、地面水蒸发加剧，从而进一步减少本已十分紧缺的淡水资源，造成粮食减产甚至绝收、土地荒漠化、人口的大量迁移。

七、住宅节能问题

节能型住宅是指在保证住宅功能和舒适度的前提下，按既定目标（国家标准节能 50%），减少能源消耗，并且尽可能对资源进行循环利用，实现资源节约的住宅。节能住宅设计应把握以下几个方面。① 科学的规划布局与合理的建筑设计。建筑物的单体设计应控制其体型系数，将体型系数控制在一个较低的水平上，以减少其外围护结构的传热损失，降低建筑能耗。夏热冬暖地区居住建筑的平面布置还应有利于组织夏季凉爽时间的穿堂风。② 提高建筑围护结构的保温隔热性能。影响建筑能耗最直接的因素是建筑围护结构保温隔热性能的优劣，我国现有居住建筑围护结构的热工性能普遍较低，直接影响了室内热舒适度。③ 提高设备的能效比。南方地区夏季酷热，随着经济发展，居民对空调的需求逐年上升，有的地方冬季还需要采暖。能效比是空调（采暖）设备最主要的经济性能指标，能效比高，说明该空调器具有节能、省电的先决条件，所以应优先采用符合国家现行标准规定的节能型空调和采暖产品，贯彻执行国家相关节能政策，提高人民的居住舒适水平。④ 推广太阳能等节能新技术的应用。实现建筑节能，一方面通过降低建筑能耗的各种手段，另一方面要利用太阳能等自然资源，减少常规能源的消耗和对环境的污染，保持生态平衡。太阳能取之不尽用之不竭，是洁净的绿色能源，我国已把开发太阳能利用作为实现可持续发展战略的有效措施之一。❶

第三节　建筑利用太阳能

一、回归太阳能时代

太阳能既是人类最初的选择，也必将是未来最终的选择。几十亿年来，太阳一直是地球的主要能源来源。除核能外，我们所使用的一切能源都是以某种形式储存的太阳能。"太阳能"这一名词更多的是指非损耗的或可能再生的能源形式。如果人类社会的发展主要依托可再生能源，则将达到能源的经济生产与自然再生产的和谐一致，保证能源的可持续开发和利用。联合国在20 世纪 60 年代初就提出了"能源过渡"（energy transition）的概念，即预期从 20 世纪末开始，在世界范围内将出现以可再生能源和新能源逐步代替矿物能源的趋势。即能源过渡期的进程为：太阳能（第一代，1770 年）→煤炭（第二代，1870 年）→地壳石油（第三代，1970 年）→太阳能、风能、海洋能和地热能（第四代，2070 年）。因此，太阳能、风能、海洋能和地热能用以代替传统能源的新能源被称为"第四代能源"，这同时意味着我们将"重归太阳能时代"（如图 7-25）。

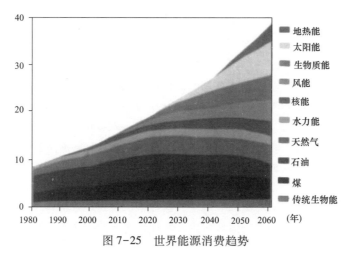

图 7-25　世界能源消费趋势

❶　梁章旋．节能设计是住宅设计的新课题．http：//www.chinahouse.gov.cn/cyfz16/160062.htm.

二、太阳能建筑的发展

目前，太阳能已在建筑取暖、制冷、制造电池等方面有所应用，太阳能建筑一体化示范小区以及太阳能光伏电站的建成，为调整能源结构，保护生态环境开了先河。但是，我国对太阳能无论是开发利用的规模，还是社会公众利用太阳能的意识，与国外有些国家相比，都相距甚远。

为了满足运输、工业生产以及人们追求舒适生活的需要，在短时间内，人们耗尽了几万年前储存于地球内的各种矿物能源。人们用这些能源去生产动力，其实是以高昂的代价来换取我们的舒适。

人类的整个进化过程中自觉地利用太阳能的技术或实践一直发展缓慢，只是到了近代能源出现了危机，人们才真正对太阳能这个廉价而又安全的取之不尽的能源给予关注。虽然石化燃料时代比我们预期的要久远，由于新能源的发现及能源效率的极大提高，所有有利可图的地区将被开采殆尽。当这些能源减少，我们从前学会的如何充分利用空间太阳能并将其送到地球上（或制造安全、经济、社会认可的核聚变、裂变）的方法必将重新被引入，新技术也将得到更加高效深入地推广。

人类利用太阳能的活动引起人们对生物气候建筑的广泛关注，生物气候建筑受自然的启迪，它尽可能减少对环境的破坏，关注人类健康幸福，这个问题必将被当代生物气候建筑所强调。建立必要的三重结构体系——能量、健康和幸福、可持续性，其中每个问题都将被建筑师所关注。

古代建筑大都讲究坐北朝南，其实这是主动利用太阳光和热的自发意识的表现。

现代太阳能建筑的发展一般可分为三个阶段。① 被动式太阳房，它是一种完全通过建筑朝向和周围环境的合理布置、内部空间和外部形体的巧妙处理以及材料、结构的恰当选择、集取、蓄存、分配太阳热能的建筑。② 主动式太阳房，它是一种以太阳集热器、管道、风机或泵、散热器及储热装置等组成的太阳能采暖系统或与吸收式制冷机组成的太阳能供暖和空调的建筑。③ "零能房屋"，它利用太阳电池等光电转换设备提供建筑所需的全部能源，完全用太阳能满足建筑供暖、空调、照明、用电等一系列功能的要求。

三、太阳能建筑的利用形式

太阳能广义上讲有两种形式：可更新的和再生的。能源的使用虽有不同形式，但我们关注一些能耗最小化的特殊方式。作为一个整体，建筑应考虑整体构思、设计和管理，以保证最大的能效。因而可考虑可更新的能源，如太阳能。形容词"被动式"常被人误解（如"被动式太阳能设计"），其实它只是描述一种建筑设计方式，凭此，自然的气候特征通过建筑要素静态的布置而得以利用，给人带来舒适。只有靠电动机械来达到同样或相似效果时，建筑才变得"主动"。

"被动式太阳能"建筑或与生物气候有关的建筑，不是材料和构件的集合，它必须多少具有有机体的特征。与完全依靠机电技术的建筑不同，生物气候建筑的结构，必须能连续调整以利用气候并适应气候的反复无常。像所有建筑一样，它必须满足居住者的现在的和将来的需要。但是，与依赖机电设备的建筑不同，它应没有复杂的"人工"装置，去应付温度、阳光和风速瞬间的、日常的和季节性的变化；它应经常地改变位置、复位和增加产热设备。然而，密闭需空气处理的建筑，其达到满意的性能有赖于持续调节系统和装置的输出，生物气候建筑依赖于建筑外包层（外维护结构）的持续调节，而混合模式建筑服从这两点。从根本上讲，外包层的调整意味着建筑 1/4 的墙面必须能打开和关闭，1/3 的墙面能引入非干扰性日光。另外，外包层的设计必须在满足上述要求的同时，不干扰向外观景的视线。

四、产生能量的立面

位于巴塞罗那马塔罗某社区的庞佩·法布拉图书馆（Pompe Fabra Library）是一个很典型的功能性的公共图书馆。它与众不同的特征在于其立面和屋顶上均安装了太阳能光电板（均为 0.3m²），这些电池板成为了建筑的构造元素，而不仅仅是附加物（如图 7-26）。

图 7-26　能量立面

这栋建筑在没有影响其作为公共图书馆的一般功能的前提下，安装了一套可以产生电能和热能的系统，并在能量、舒适、室内照明、美学和经济因素中寻求最佳的平衡。这就是说，立面在幕墙体系的基础上在内部配置了通风腔和太阳能电池板。在屋顶上，电池板则列出了北向天窗的斜坡顶。所有这些都集中在一个占地约 1115m² 的简洁的体量内，内部的 3 层则由一条中央坡道连接。这些混合的模块构成了该方案的主要创新之处：建筑元素以一种通用的方式实现了封闭或半透明的围合，同时将生产能量与美学追求结合在一起。该系统可以部分地供给图书馆所需的电能和热能。在屋顶上，成排的天窗彼此分离开以免产生阴影。在立面上，安装在幕墙上的电池板不能被任何悬挑构件遮挡，并且出于安全原因必须高于地面 3m 以上。立面的表皮起着吸收热量的作用，在夏季，空气从底部上升从而为太阳能电池板提供通风，以防止它们达到极限温度。在冬季，热空气通过风机或通常的自由气流被导入室内。

公共图书馆的各楼层均可通过窗户和天窗进行自然采光，而且室内光线的调节也可以通过立面和屋顶的太阳能板实现。各种不同的太阳能板的使用是按照立面对于透明、半透明不同的效果要求而确定的。建筑本身也是以太阳能板的尺寸为模数的。因而这不是一座包裹在太阳能电池板里的建筑；相反的，电池板只是构成了一种集成构件。

马塔罗图书馆体现了如何将太阳能集成系统融合在建筑里的一种可能性，通过它来产生一种通用的解决方式。幕墙似乎是集成电池板最好的表现方式，它同时也易于运输和安装。

五、绿色奥运建筑

太阳能即使在其形式转化过程中，也很少有污染，它也是无限可利用的能量——可重新再生的能源，太阳辐射既可以直接用于房间取暖，又可以以集热器的形式收集热，以电能方式——电池（光电组件）储存热。

"绿色奥运"曾经是悉尼举办奥运会的创意，有关的比赛设施尽量采用绿色技术——太阳能利用。典型的实例是位于悉尼奥林匹克大道上的太阳能照明设施，在奥林匹克大道上，矗立着 19 座像起重机吊臂一样的奇怪建筑物——多功能塔，它们安装了 1524 块高效率的光伏电池板，每年可发电 16 万 kW。除能够满足塔自身用电需要和路灯照明外，还可向当地电网售电。这套被命名为"奥林匹克大街太阳能发电系统"获得了当地 1999 年度优秀工程设计奖。在运动员村的

629 栋住宅各自安装有光电池太阳能板。这些电池板与水平面约成 8°倾角。在电池板的下面，装有功率为 4kW 的电流转换器，以便把太阳电池产生的直流电转换为交流电。每块电池板的最大功率为 60W。这套屋顶太阳能发电系统同样与地方电网联网，利用太阳能发电的灯柱白天所产生的电能供应夜间照明（如图 7-27、图 7-28）。

图 7-27　夜间利用太阳能照明的奥林匹克场馆

图 7-28　矗立在奥林匹克大道一侧的太阳能灯柱

六、新建德国议会大厦的太阳能利用

　　光线、通风和自然空调被称为国会大厦的痕迹，这一方案是将德国国会从波恩迁回柏林，重新回到德国国会大厦中的议程结果。方案包括在国会大厦内设计一个议会大厅——它于 1894 年正式落成，1933 年失火，1945 年遭到部分摧毁，20 世纪 60 年代进行了修复，1995 年被"包裹"起来。初始条件的复杂性又由于后来做出的改进建筑物环境质量的决定而被增加。这一要求使方案必须设计一个高能效的结构，可以自供热量并减少污染物的排放。结构中还包含一系列的光电体，将其作为能源系统的一部分。自然通风与采光在较大范围内得到应用，并与先进的热回收技术结合，证明了未受污染的环境系统所具有的潜在能力。

　　重建的建筑体现了原国会大厦的简洁理念。这个方案的基础是原有的建筑，必须进行一些重点处理以体现其"骨架"。透明性和易达性是国会大厦室内重建的关键所在。其顶部结构不仅具有象征性的寓言，它的主要功能是反射并控制日光进入底部的议会院，形成自然通风系统的一部分，"天窗"同时在美学上也起着重要作用。结构中还包含一系列的光电体，将其作为能源系统的一部分。自然通风与采光在较大范围内得到应用，并于先进的热回收技术结合，证明了未受污染的环境系统所具有的潜在能力。在穹顶内部，两条螺旋形的坡道通向一处升起的平台，从那里人们可以俯瞰全城的景色。

　　新建的玻璃穹顶是室内设计的出发点，它使建筑向自然光和景观展开（如图 7-29、图 7-30）。于是这里产生了一种满足自然采光要求的基本构件。穹顶被设计为一个名副其实的"天窗"。它由极具艺术性的高技术构件构成，一个由计算机系统控制其运动的天棚使其能追随太阳的轨迹，从而避免直射阳光的影响。"天窗"同时在美学上也起着重要作用。它的核心部分是一个覆盖着各种角度镜子的锥体（如图7-31），以散射光线并引入室外景观，可以反射水平射入建筑内的光线。还有一个可移动的保护装置按照太阳运行的轨道运转，以防止过热的和耀眼的阳光。这部分中还包含的另外一个机械装置能提供自然通风，与外界进行热交换，并能发电。按照其特定规律，锥体从最高处吸出热空气，并从拱顶顶点处的开口排放出去。这种轴向的通风和热交换使不流通的空气得以循环（如图7-32、图7-33）。

图7-29　德国国会大厦穹顶夜景

图7-30　德国国会大厦穹顶及室内获取自然光效果

图7-31　德国国会大厦的散射玻璃堆体

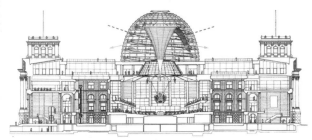

图7-32　通风与自然光照明示意图

在大厦不需要供热或降温的时候，多余的热量可以用来加热储藏在地下300m深处的蓄水层中。建设过程中共打了两根管道通向这个地下湖，一根用来将水泵出，一根用来将水送入（如图7-34）。

带动空气流通系统、排出空气以及建筑遮阳设备所用的能源，由安置在南面屋顶上的太阳能电池板产生。同时，由于建筑使用者的数量经常变化，决定采用一种灵活的节能方式。这就是说，在主动加热和制冷可以进行互补的基础上获得舒适的温度。这种方式与传统方式相比，将温度的最大峰值减少了30%。

一套新的利用棕榈油和葵花子油产生能量的系统将CO_2的排放量减少了94%。相对于原议会大厦在1960年安装的陈旧的能源装置每年向空气中排放的CO_2量达到7000吨这一惊人数字，

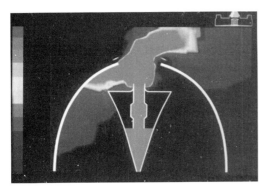

图 7-33　锥体的通风作用

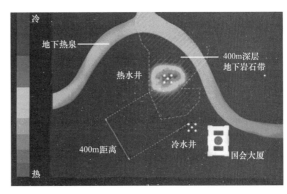

冷

地下热泉

热水井

400m深层
地下岩石带

400m距离

冷水井

国会大厦

热

图 7-34　德国议会大厦地下储热系统

这一点就显得尤为重要（如图 7-35）。如果继续使用原有系统，每年的耗费相当于 5000 人的家庭生活所需的能量。这些都足以使它成为一座生动的生态博物馆。

七、法国"海外档案中心"

建造于 1996 年的法国海外档案中心（如图 7-36），位于法国普罗旺斯的艾克斯（Aix En Provence），设计师为 T. 拉考斯特、A. 罗索和 C. 古埃伊斯。这个由 3 位年轻的法国建筑师设计的方案，包括一个厚实的体量及其屋顶上的天窗系统，以及与环境相关的立面。阅览室的照明系统也经过了细致入微的研究，

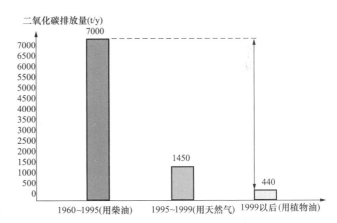

二氧化碳排放量(t/y)

7000

1450

440

1960~1995(用柴油)　1995~1999(用天然气)　1999以后(用植物油)

图 7-35　能源总类和 CO_2 排放比较

以使读者不受直射光线的照射。这栋建筑除了在整个综合体中以其极简主义的形象建立起一种匀称得体的连接之外，还是一个捕获能量的装置，被誉为捕获光线的建筑。建筑外立面的基本特征是一层严格遵循 1.2m×2.4m 模数的覆盖整个体量的赭石色涂层。这些模数的方格间以折叠状向室外打开，对应着一年或每天中不同时刻的风向和阳光。室内主要通过上方的 14 个与立面处理相呼应的梯形光井采光。同时，涂层还起到隔音和绝热的作用，使室内保持恒温。

进入建筑内部，我们看到了严格的几

图 7-36　法国海外档案中心

何形空间，空间的主角就是有规律照射的光线。在首层的门厅和展厅之间，在上层的阅览室，以及现存建筑中的管理办公室里形成了普遍的对比关系。这个扩建建筑的主要内容就是一个阅览室，一个由简单线条构成的空间，它占据了整个建筑的首层。在这个完全无隔断的房间里，没有任何会让读者分散注意力的东西，它的屋顶和墙壁都镶嵌着木板，地面也是木地板。4 张大木桌占据了中央，在其一面是管理室和小卖部，另一面则是具有特别用途的桌子，可用于摆放大开本的文件和地图。室内没有直射光，而是通过屋顶和立面的开口照明。室外打开的板有两个基本功能：它们既是反射板，减少射入室内的光，同时也是吸收阳光的装置，安装着内部加热系统。

因其所采用的技术和材料，这个方案赋予了中心一个新的形象。虽然是一个突出的实体，但它同时也尊重了周围的建筑，起一种和谐的对话关系。

八、低能耗建筑

我国首座超低能耗示范楼在清华大学落成。这座占地面积不到 600m^2 的大楼融合了当今世界范围内建筑节能的最新产品、设备以及相关技术。整座大楼围护结构的能耗仅为常规建筑物的 10%，冬季可以基本实现零采暖能耗。考虑到办公设备、照明等系统在内，建筑物全年电耗仅是北京市同类建筑的 30%，代表着中国在建筑节能领域未来 10 年乃至 20 年的技术发展方向（如图 7-37）。

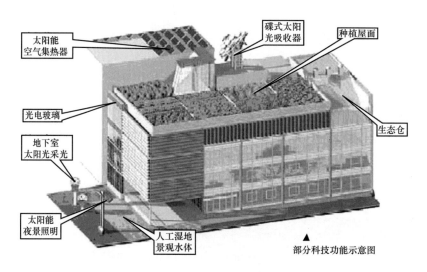

图 7-37　清华大学国内首座能耗建筑

上海市闵行区申南路上的一幢新建的三层办公楼被称为零能耗建筑（如图 7-38），它的全部用电就是靠自身安装的太阳能来发电。夏日炎炎，该楼头顶上的骄阳就是大楼独享的发电站。除了空调、照明，"阳光电站"还能将白天多余的电能暂时储存于公共电网，留着晚上或雨天用。

整幢大楼近 1/5 的墙面和屋顶，被 310 块大小不一的"太阳能砖瓦"所取代。这些分布于大楼表面的 500m^2 太阳能电池板，相当于一家 40kW 装机容量的火力发电厂，一年可发电 5 万 kW·h，足够大楼全年之需。5 年来，上海市科委累计拨款 4000 多万元，先后支持了 20 余个太阳能相关课题的研究，为太阳能产业的发展打下了坚实的"科技之桩"。

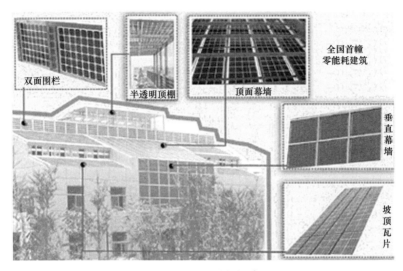

图 7-38　上海零能耗建筑

九、太阳能系统

（一）太阳能热水系统

太阳能热水系统由单元集热器、储热和恒温水箱或分户承压水箱、循环管路、控制系统组成，与给水设施相结合，形成中央热水系统为建筑供应热水。太阳能集中供热水系统，既节能环保，又方便安全（如图7-39）。

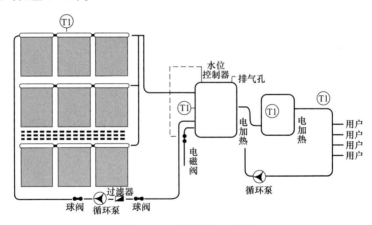

图 7-39　太阳能热水系统

（二）建筑集成光伏发电系统

光伏系统的工作原理是通过太阳电池把光能直接转化成电能供电器使用。早期独立式的光伏系统采用大容量的蓄电池储存电能以保证在阴雨天气仍能够供电，这种方式适用于市电难以达到的边远地区。但在城市中可以采用并网型的光伏系统，即在光伏电力充足的时候使用光伏电力，还可将剩余电力回馈给市电电网；而在日照条件不好时使用市电。该类系统的大量使用能够显著减轻火力发电等不可再生能源的使用，并加强城市能源系统的可靠性（如图7-40、图7-41）。

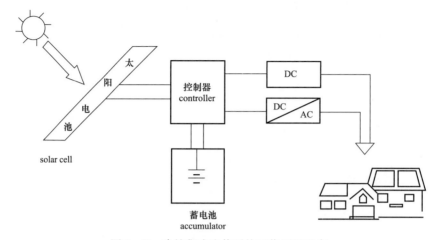

图 7-40　建筑集成光伏系统工作原理示意

图 7-41　建筑集成光伏发电系统实例

　　城市中土地紧张，因此建筑顶面成为光伏系统的主要安装场所（如图7-42～图7-44）。光伏系统与建筑的集成需要考虑多方面的因素，既能够尽可能地多发电，又不给建筑原有的功能和视觉效果造成负面的影响，并逐步降低光伏电力的单位电价，使之达到可与市电竞争的水平，是目前正在蓬勃发展的一类建筑技术。

　　1994年建筑师待多·特霍把自己的住房设计成和向日葵一样，能在基座上转动跟踪阳光。这是德国利用高新技术设计建造的一座旋转式太阳能房屋。房屋被安装在一个圆形底座上，由一个小型太阳能电动机带动一组齿轮。这是欧洲第一座由计算机控制的划时代的太阳追踪住宅。德国还有一栋由费朗合太阳能研究所设计的建在弗赖堡的零能耗住宅也就是所谓的自治建筑，投入使用两年多来，能源完全自给供通风、热水所需用电。在这栋住宅中，科学家综合采用了各种措施，如太阳能发电、热泵、氢气储能器以及种种隔热建筑材料和建造方法。该建筑里面白色的为透明保温材料（TIM 或 TWD），屋顶安装了太阳能热水器和光伏系统（如图7-45、图7-46）。

图 7-42　四种典型的光伏屋顶实例图

图 7-43　荷兰能源研究会的光伏屋面

图 7-44　被光伏模板全面武装的"玻璃房子"（新增）

图 7-45　可随日光旋转的无能耗房，
　　　　以真空集热管作栏杆扶手

图 7-46　太阳能热水器和光伏系统

　　2005 年 3 月 27 日，在日本爱知世博会长久手会场，"奇趣电力馆"成为一道亮丽的风景线。设计者采用太阳能、燃料电池、风力发电为展馆提供能源，并以儿童漫画作为外墙装饰。以"自然的智慧"为主题的本届世博会，展馆建设大量应用现代科技成果，突出环保性和功能性，反映出人类对自然美的孜孜追求（如图 7-47）。

图 7-47　世博会上的日本"奇趣电力馆"

　　近两年出现的零能耗建筑的尝试，不是说建筑不用能量，而是指它借助可再生能源——广义的太阳能，使建筑使用不可再生能源接近于零的实验性建筑（如图 7-48）。

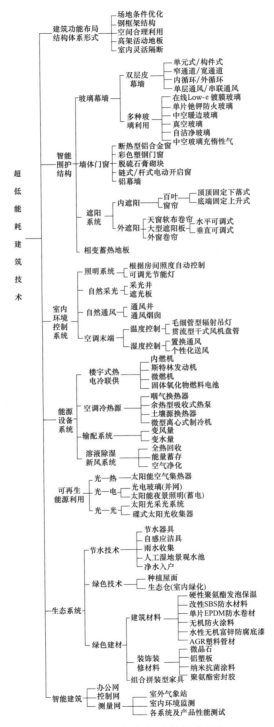

图 7-48 超低能耗建筑技术释义

第八章　太阳能与建筑一体化技术应用

实现太阳能与建筑一体化，让太阳能与建筑有机地结合，需要在建筑物的规划、设计、建造、维护以及改造等活动中，让房地产开发商、太阳能企业、设计单位、政府监管部门形成共识，使得太阳能系统与建筑统一规划、统一设计、统一施工、统一运营管护，将太阳能与建筑物完美结合。

在太阳能与建筑一体化设计技术应用方面，我们将通过一个建筑设计方案的普通设计和一体化设计来进行对比。

一、地理气候条件分析

拟建建筑一栋办公楼，建设用地位于厦门市郊，西临城市干道，东临城市水体，南面为普通居住小区，北面为某办公楼，建筑总用地面积 3300m²，建筑容积率控制在 1.5 左右，绿地率在 30%～40%，要求建筑面积在 5000m² 左右。

首先分析一下厦门地区的气候条件，见表 7-1。厦门市所在地区气候属于夏热冬暖地区，亚热带海洋性气候，温和多雨，高温期长，气温变化小，秋春相连，热湿同季，水热配合好，气候湿润，季风环流季节更替明显。全年平均气温为 21°，年平均降雨量在 1100mm 左右，常向主导风为东北风。由于太平洋温差气流关系，厦门每年平均受台风影响 5～6 次，且多集中在 7～9 月。夏季酷暑时期要开空调，冬季一般不用开暖气，建筑主要能耗集中在热水供应和空调。沿海雨季较长，为确保全天候供热必须设置完善的辅助加热系统。属于太阳能资源中等地区，全年日照时数 2200～3000h，太阳能总量 502 万～585 万 kJ/m²，相当于 170～200kG 标准煤燃烧所发出的热量。太阳能年辐射总量在全国属中上水平（光照二类区域见表 8-1），每年可利用太阳能天数大约在 280 天，是太阳能利用的优选地区。

表 8-1　　　　　　　　　　　我国不同地区太阳能辐射总量

地区类别	一类地区	二类地区	三类地区	四类地区
年辐射量/（MJ/m²）	>6700	5400～6700	4200～5400	<4200

作为建设部确定的建筑节能试点示范城市，厦门市在建筑能耗方面要减少 50%。而根据厦门的经济条件，这一标准还将提高至 65%。因此，厦门市在建筑节能方面还需要挖掘更多的节能空间。

二、建筑设计方案

所绘制普通建筑设计方案如图 8-1～图 8-9。

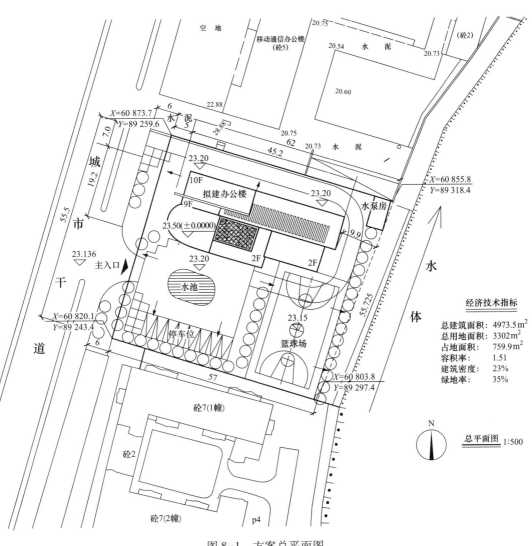

图 8-1　方案总平面图

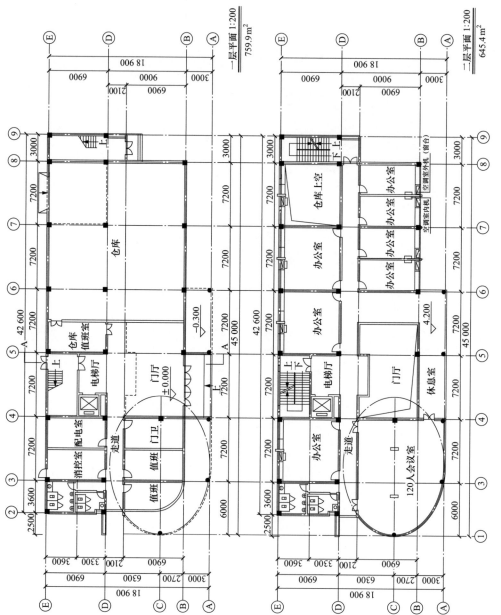

图 8-2 建筑一层平面和二层平面

一层平面 1:200
759.9 m²

二层平面 1:200
645.4 m²

162

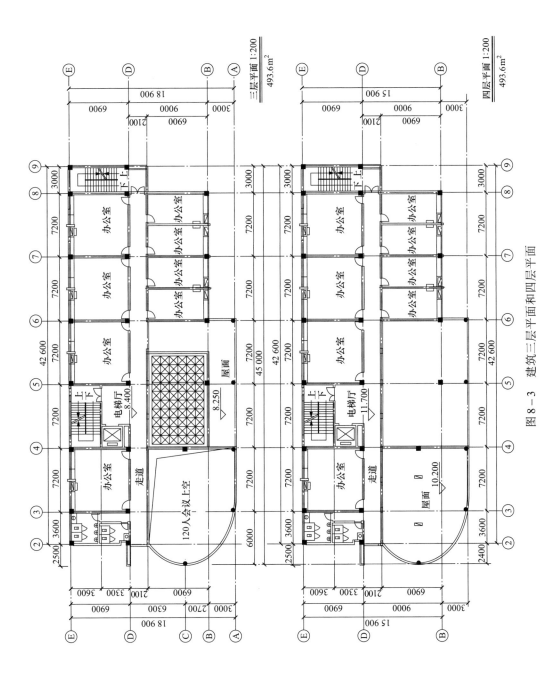

图 8-3 建筑三层平面和四层平面

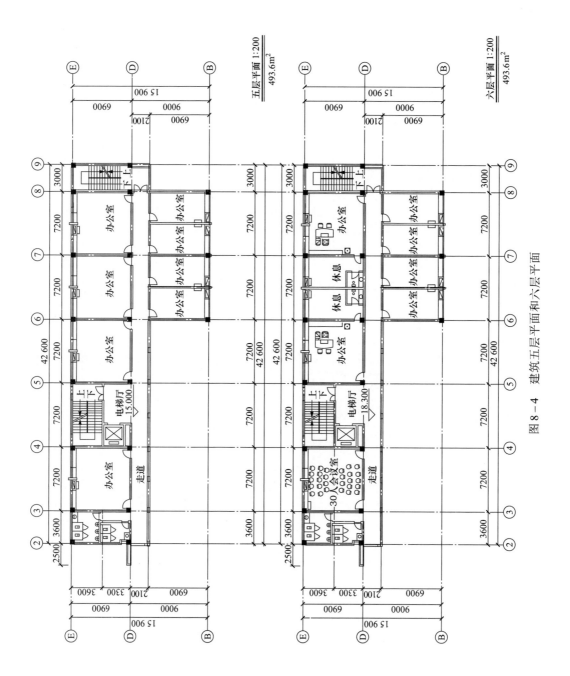

图 8 - 4 建筑五层平面和六层平面

五层平面 1:200
493.6m²

六层平面 1:200
493.6m²

164

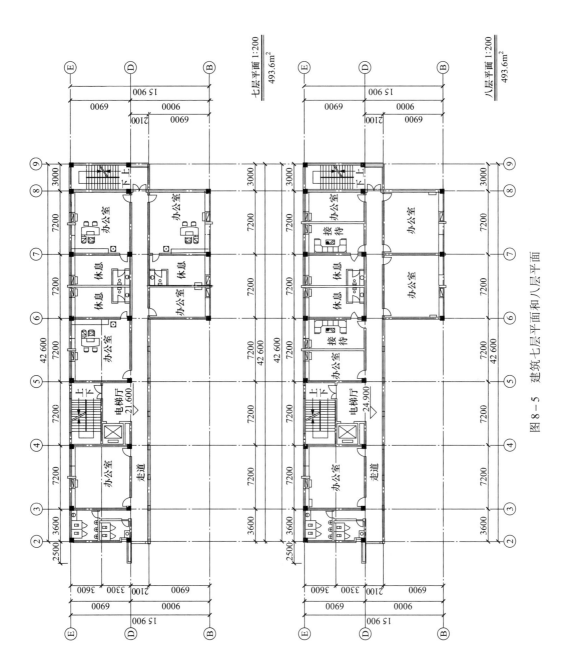

图 8-5 建筑七层平面和八层平面

七层平面 1:200
493.6m²

八层平面 1:200
493.6m²

165

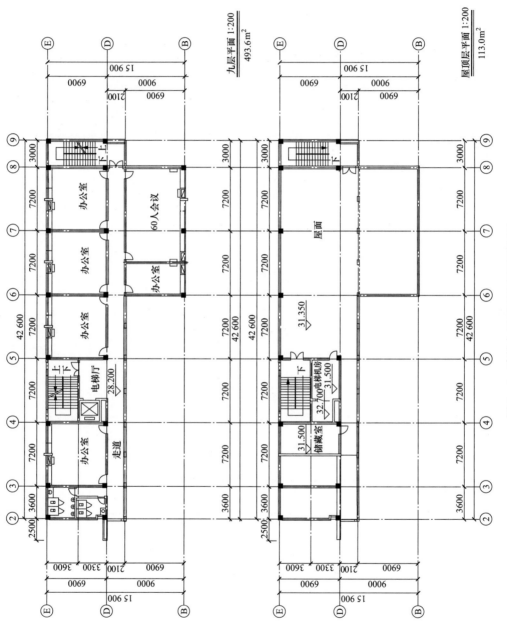

图 8-6 建筑九层平面和屋顶层平面

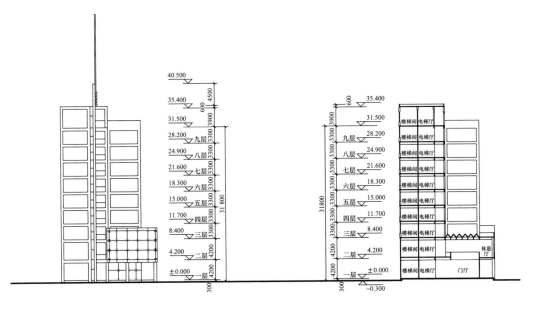

西立面图1:300

A—A剖面图1:300

图 8-7 建筑西立面和 A-A 剖面

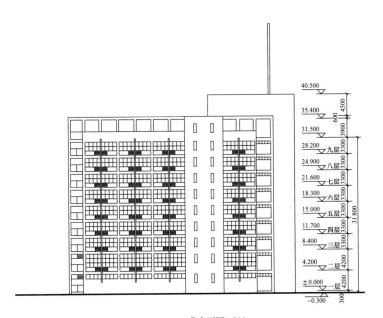

北立面图1:300

图 8-8 建筑北立面图

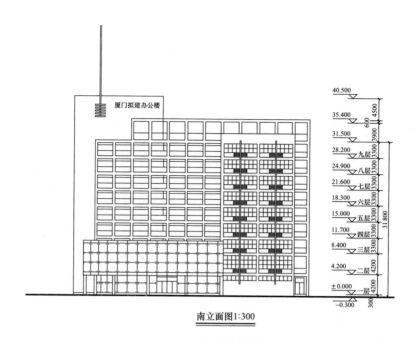

图 8-9　建筑南立面图

三、太阳能与建筑一体化方案改进设计

（一）改进技术陈述

1. 表皮呼吸百叶通风技术

呼吸幕墙由内、外两层幕墙组成，内层与外层幕墙之间形成一个相对封闭的空间，空气可以从下部进风口进入这一空间，然后又从上部排风口离开这一空间。此空间的空气一直处于流动状态，空气在此空间内的流动与内层幕墙的外表面不断地进行热量交换，就好像是在进行呼吸。夏季，打开内层幕墙下部通风口及外层幕墙上部排风口，利用热压效应，排除室内热空气。冬季，打开外层幕墙下部通风口及内层幕墙上部进风口，利用热压效应，送入室外新风，保持室内相对舒适温度和阻挡室外噪声。将宽通道式双层皮幕墙应用于两层高的交流性大空间，两层幕墙间距达到 0.9m，人在通道中可以自由走动，方便对夹层装置进行维护清洗。通风方式为单层通风，夏季当夹层温度高于室外温度时，通过电动开窗器将外层幕墙上进出风口打开，利用夹层烟囱效应进行通风冷却，为避免下层温度高的排风进入上层进风口，立面上的开口采取交叉开启方式（如图 8-10）。

2. 光电幕墙（为太阳能新风预热系统风机供电）

单晶硅光电幕墙利用光伏电池、光电板技术转化太阳光为电能。它位于结构夹层外侧以不影响采光，同时与单元式双层皮幕墙结合组成光电幕墙（如图 8-11）。

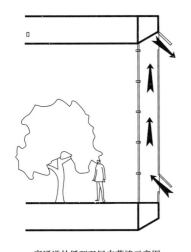

宽通道外循环双层皮幕墙示意图

图 8-10 双层皮幕墙表皮
呼吸百叶通风技术

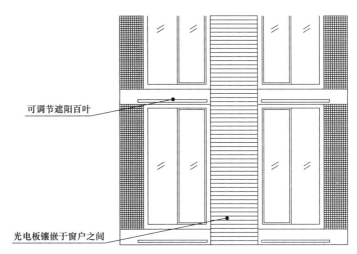

可调节遮阳百叶

光电板镶嵌于窗户之间

图 8-11 光电幕墙建筑立面

3. 西墙立体绿化

西墙面绿色爬藤植物缠绕在建筑外墙固定的杆件上，吸收太阳辐射降低外墙表面温度，有效防止西晒（如图 8-12）。

4. 地板下布线相变蓄热地板

冬季白天可储存由窗户进入室内的太阳辐射热，晚上材料相变向室内放出储存的热量。各类综合布线等均隐藏在架空层内（如图 8-13）。

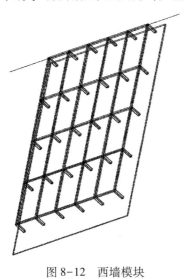

图 8-12 西墙模块

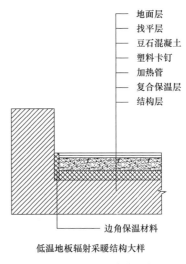

地面层
找平层
豆石混凝土
塑料卡钉
加热管
复合保温层
结构层

边角保温材料

低温地板辐射采暖结构大样

图 8-13 相变蓄热地板

5. 雨水收集

雨水收集系统将雨水留住，改善水环境，修复生态环境，变相增加水资源。将屋顶雨水收集用于冲厕、洗车、绿化用水、景观用水或消防用水等（如图 8-14）。

6. 保温屋面

使用挤塑型聚苯板保温屋面（如图 8-15）。

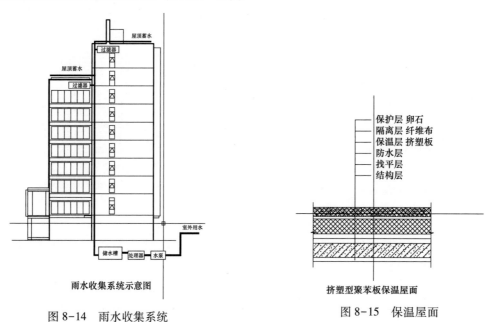

图 8-14 雨水收集系统　　　　　　　　　　图 8-15 保温屋面

7. 通风组织

走廊西墙外侧设置一个钢结构通风道，通过走廊西端的窗户与室内相连，利用热压原理加强自然通风。

8. 太阳墙系统

建筑南面及北面局部采用太阳墙板材——深色镀锌钢板，覆于建筑外墙的外侧，上面开有小孔，与墙体的间距在 200mm 左右，形成的空腔与建筑内部通风系统的管道相连，管道中设置风机，抽取空腔内被墙板加热的空气，再沿管道送至室内各个房间。

9. 窗户部分

采用节能 Low-E 镀膜中空玻璃，具备良好的绝热性能，在具备较低传热系数的同时可有效地降低室内对室外的辐射热损失，具有表面热发射率低、对太阳光的选择透过性能好的特点。在窗框上部设置了涓流通风器，能够在冬天不开窗的情况下始终保持微量新风，有效改善室内空气品质（如图 8-16）。

10. 风光互补发电系统

建筑所在地太阳能资源属于二类地区，具有利用太阳能的有利条件。风能资源也属于可利用地区。太阳能和风能具有天然互补性，即太阳能夏季大、冬季小，而风能夏季小、冬季大。所以采用风光互补发电系统，解决办公的照明用电问题（如图8-17）。

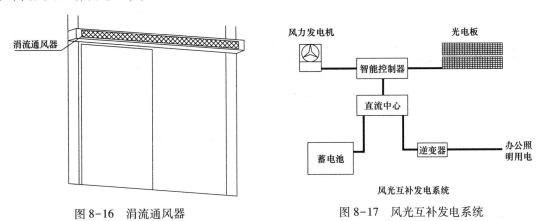

图 8-16　涓流通风器　　　　　图 8-17　风光互补发电系统

11. 太阳能热水系统

附属楼面布置太阳能真空管集热器，集热面积125m² 左右，该系统产生的大量热水可为建筑提供制冷、采暖和生活用水。夏季由太阳能集热器提供 88℃ 左右热水，通过溴化锂吸收式制冷机产生 8℃ 左右冷水，送到风机盘管提供冷风；冬季太阳能集热器产生 60℃ 左右热水，直接送到低温地板辐射系统中提供热源；同时水箱储备的热水可供大楼日常使用。

（二）建筑设计方案表述（如图8-18~图8-29）

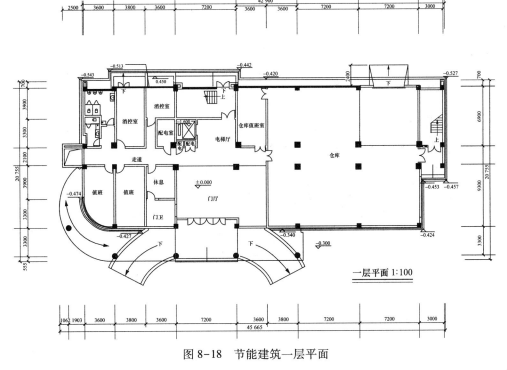

图 8-18　节能建筑一层平面

171

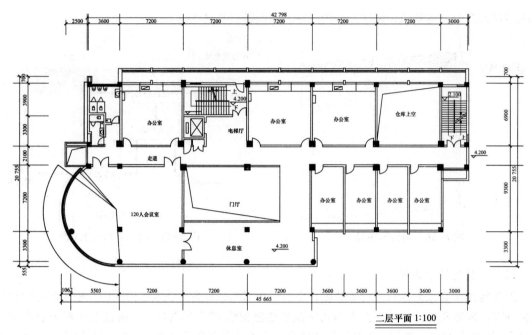

图 8-19 节能建筑二层平面

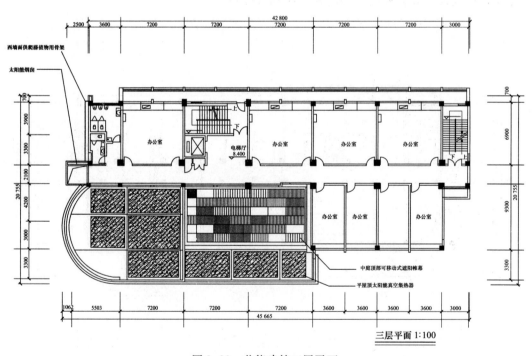

图 8-20 节能建筑三层平面

172

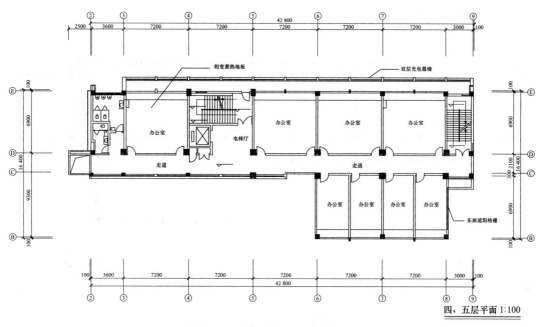

图 8-21 节能建筑四、五层平面

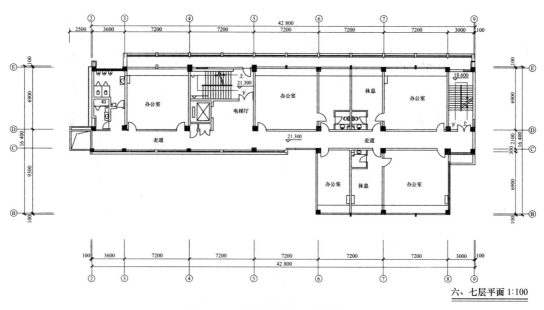

图 8-22 节能建筑六、七层平面

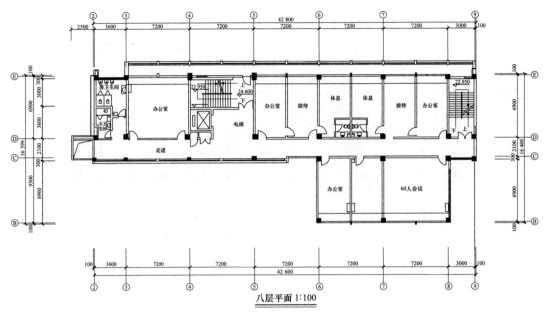

八层平面 1:100

图 8-23　节能建筑八层平面

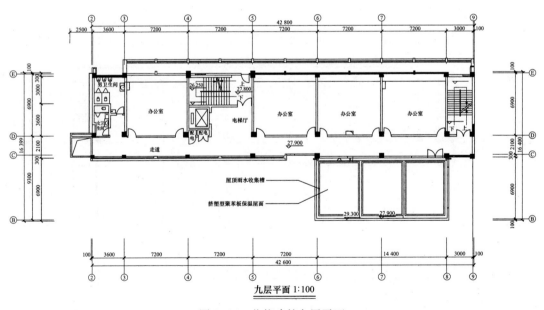

九层平面 1:100

图 8-24　节能建筑九层平面

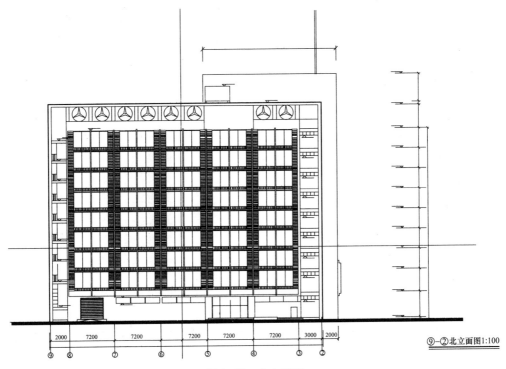

2000 | 7200 | 7200 | 7200 | 7200 | 7200 | 3000 | 2000

⑨ ⑧ ⑦ ⑥ ⑤ ④ ③ ②

图 8-25 北立面图

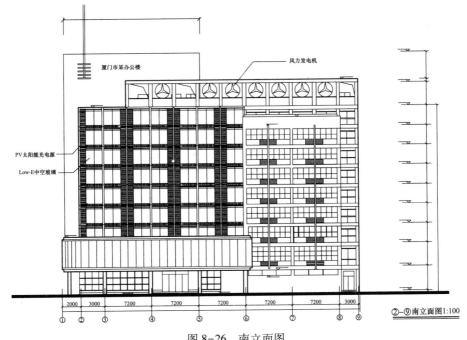

厦门市某办公楼

风力发电机

PV太阳能光电源

Low-E中空玻璃

2000 | 3000 | 7200 | 7200 | 7200 | 7200 | 7200 | 3000

① ② ③ ④ ⑤ ⑥ ⑦ ⑧ ⑨

图 8-26 南立面图

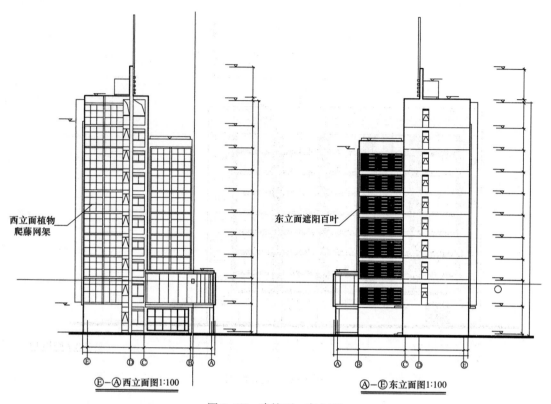

图 8-27　建筑西、东立面

西立面植物
爬藤网架

东立面遮阳百叶

Ⓔ-Ⓐ西立面图1:100

Ⓐ-Ⓔ东立面图1:100

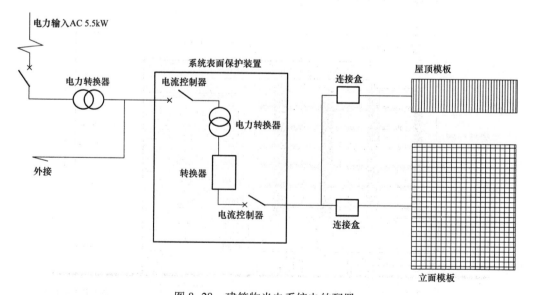

电力输入AC 5.5kW

外接

电力转换器

系统表面保护装置

电流控制器

电力转换器

转换器

电流控制器

连接盒

连接盒

屋顶模板

立面模板

图 8-28　建筑物光电系统电的配置

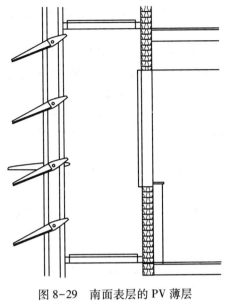

图 8-29 南面表层的 PV 薄层
挡光系统剖面图

四、方案改进节能分析

光伏系统是建筑设计和施工整体的一部分，高质量的光伏系统能够为建筑提供所需的大部分电力。在整体设计的方法中，一体化的光伏系统不是简单地替换大楼中原有的建材或解决审美观的问题，光伏一体化涵盖大楼外层的其他项能。

在这个设计中，光伏系统的玻璃结构被安装在屋面上充当防水层，可以抵挡太阳紫外线的直接辐射。作为顶层保温系统的一部分，光伏系统被置于突出的聚苯乙烯绝缘材料上。平顶拥有安装光伏设施的巨大潜力。在由 IEA 所开展的一项调查中显示，大型工厂、办公楼、公寓楼平均能够提供占地面积 1/4 的顶层光伏系统。

这个方案中的占地面积为 760m²，所以平顶需要 190m² 的光伏系统（屋顶结晶硅模板 140m²，中庭屋顶半透明光伏模板 50m²）。

采用标准的模板，模板由 36 块最高电量达 36W 的太阳能电池焊接成一串连接在电力结合箱上。使用的电池上端采用低铁玻璃，这种玻璃造价较低，坚韧、稳定，而且具有高透射度，不易受污染，能防水、水蒸气和其他气体的侵袭。后端使用薄聚合物涂层，阻止不必要的蒸汽和气体。中间夹着在紫外光照射下十分稳定的聚乙酸乙烯酯外层的导电层。这种晶体硅光伏模板的使用寿命可以达到 20 年（如图 8-30）。

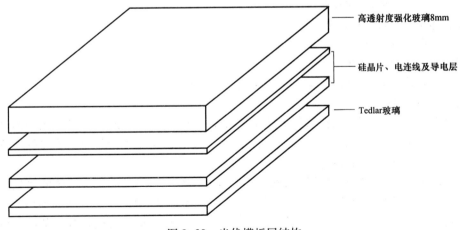

高透射度强化玻璃8mm

硅晶片、电连线及导电层

Tedlar玻璃

图 8-30　光伏模板层结构

在外墙上使用光伏模板来取代玻璃制作幕墙，但在垂直的外墙上采用光伏系统达不到最佳的采光状态。光伏方案的有利程度取决于纬度。由于光伏模板后的温度会逐渐增大，因此建筑是否通风良好至关重要。鉴于这个设计中采用了通风良好的双层皮幕墙，则可以使用发电率对温度敏感的结晶硅光伏模板。本设计中所采用的方法是在高科技的钢架结构上安装玻璃，玻璃间安装衬垫。

在一层平面的大厅顶部由于采光的需要，使用了半透明光伏模板来代替玻璃。43kW 的太阳能顶层一体化透明板与玻璃相比能减少 70% 的光线与太阳辐射。在提供光线的同时阻挡阳光辐射，就可以用无源冷却系统来代替机械冷却系统。透明光伏模板的造价比标准的玻璃模板高 20% ~ 30%，然而考虑到一体化模板的可能性多功能用途（采光、遮阳、无源冷却）以及减少或避免机械冷却系统的花费，这种透明光伏材料值得我们去尝试。应注意将光伏系统元件的成本融入建筑的整体推广中去，使其更具有商业竞争力。

室内光线效果可以通过控制光伏模板的透明度和选择整体色彩和谐的电池来达到。在本设计中使用了天蓝色的光伏电池来映射天光。

节约用水计划，例如，坐便池中和外接水管使用循环水，大约可以节约 50% 的自来水用水量。

建筑部件特性如下所示。

光伏模块：光伏顶部玻璃窗：采用全玻璃封装技术半透明光伏模块：6mm 额外白热强化玻璃；2mm 铸塑树脂光伏单元；8mm 热强化玻璃。

光伏立面：采用全玻璃封装技术半透明光伏模块。

垂直玻璃立面：5mm 额外白热强化玻璃；2mm 铸塑树脂光伏单元；5mm 热强化玻璃。

支架结构：光伏顶部玻璃窗：特制铝轮廓，配有压板。

光伏立面：装有特制铝框，装配全玻璃封装技术半透明光伏模块。

光伏系统功率：立面表层：12kW。

屋顶：43kW。

建造整体类型：表层一体化。

光电管类型：单晶硅。

模板尺寸：1380mm×600mm×60mm。

阵列尺寸：建筑立面安装了 $340m^2$，屋顶安装了 $190m^2$。

转换器：BP Solar。

厦门地区普通办公楼每年每平方米消耗电力 150~300kW·h。光伏设计的目的是为了在中午及下午有光照时减轻空调的负担，通过有效利用太阳能来改善室内的气候环境和舒适感，降低能源消耗和减少温室气体的排放。

降落到屋顶上的雨水被一种特殊的雨水机制收集起来。为了最小化水管的储水量，这些雨水被储存到一个地下的存储槽里，经过过滤，可为外部植物的灌溉和外部水源重新利用。

楼体普通设计的方案有一些不可避免的问题：一般的楼体绝缘及热量传导条件；阳光照射导致热量过高；普通效率的照明系统；排风效率不高；比较高的供暖及电能需求；由于热量传导而导致冷空气进入，从而使建筑表层的功能变差；由于散热系统和分布不均的热量而导致建筑内部的空气干燥。

普通方案电量消耗预计为 $80kW·h/m^2$；制冷及取暖能耗为 $140kW·h/m^2$。要求节能设计的热量降低 75%，而电量需求降低 35%，目标是总体能源消耗少于 $80kW·h/m^2$。

我们要采取的措施包括：楼体表面要具备较高的绝缘价值，而北墙及南墙的建造需要彻底地更新；在屋顶和建筑表层安装的光伏系统最多能满足30%的电能需求，同时还能够帮助促进遮挡太阳辐射和日光照射的最佳化；为满足热量均衡而安装的双层玻璃幕墙平衡通风系统；通过空调系统或是良好的遮光设备解决楼体表面南侧热量过高的问题。方案倾向于用光伏薄层的设计来降低楼体热量承载，但依照厦门的气候条件，在6~8月大部分工作时间表现为热量过高，则空调设备是不可避免的。

双层表面光伏系统应用了烟囱效应，由于获得了太阳热能，建筑物光伏系统表面背后的温度上升，暖气流上升到屋顶，帮助驱逐出邻近办公空间的空气。在建筑物正面顶部和底部安装的排气口能够协助排除热气流，使光伏阵列保持凉爽。

光伏模板上的太阳辐射量取决于位置和阵列方向。在高纬度地区，整个采集平面辐射量可以是 $1000~1400kW \cdot h/m^2$（纬度 $60~45°$）；$1400~1700kW \cdot h/m^2$（纬度 $<45°$）；赤道地区高达 $2000kW \cdot h/m^2$。

光伏系统年发电量的粗略估计：

$$Q_{PV} = \eta I_{tot.\,rad} A_{PV}$$

式中　Q_{PV}——光伏（PV）系统年发电量（$kW \cdot h$）；

　　　η——系统平均效率；

　　$I_{tot.\,rad}$——模板表面年总的太阳辐射（$kW \cdot h/m^2$）；

　　A_{PV}——光伏系统表面面积（m^2）。

我国目前光伏系统的平均效率为 $10\%~13\%$，厦门地区位于北纬 $24°27'$，年总辐射太阳辐射量 $1600kW \cdot h/m^2$，设计建筑光伏系统表面积约为 $550m^2$。由此得

$$Q_{PV} = \eta \times I_{tot.\,rad} \times A_{PV} = 0.1 \times 1600 \times 550 = 88\,000\,（kW \cdot h）$$

$$Q_{PV} = \eta \times I_{tot.\,rad} \times A_{PV} = 0.13 \times 1600 \times 550 = 114\,400\,（kW \cdot h）$$

则此建筑设计中光伏系统年发电量为 $88\,000~114\,400kW \cdot h$，根据建筑面积 $5000m^2$ 估计直接电力消耗为 $400\,000kW \cdot h$，空调及制冷能源消耗为 $700\,000kW \cdot h$，总预计能源消耗 $1\,100\,000kW \cdot h$，则光伏系统发电弥补了 $8\%~10.4\%$ 的电力消耗。

风力发电效率不稳定，夏天发电效率通常只有15%以下，主要以太阳能发电为主。对于厦门，冬季主导风向为东北风，平均风速3.5m/s；夏季主导风向为东南风，平均风速3.0m/s。风力发电机拟采用金风科技 S43/600 型风力发电机，该发电机为水平轴风力发电机。

$$C_P = 4a(1-a)^2$$

式中　C_P——水平轴风力发电机风能利用率。

根据 Wilson 计算方法，得出能量方程：$a(1-aF) = b(1+b)\lambda^2$（$F$ 为叶梢损失系数）。采用的风力发电机为金风科技 S43/600 型，由于水平轴风力发电机测得的风速为机舱尾部的风速，风力发电机在运行过程中，其计算机根据该风速及相对应的输出功率进行动态采样，自动绘制该风机的风/功率曲线，机舱尾部 5m 处测得的风速可近似为 V 值（风速）。

根据 C_P 的定义：

$$C_P = P/(0.5ruSV^3)$$

又根据金风科技提供的数据显示 S43/600 的实际 C_P 值近似于 26.4%，该风机的实验室标准

测试数据：迎风面积为 1466m²，从计算机动态采样绘制的功率曲线得知，在测风仪测得的风速为 9.5m/s 时，输出功率达到 300kW，计算其 C_p 值为 39%，则得到 ru 为 1.224，将其代入 $C_p = P/(0.5ruSV^3)$ 中，已知条件为 C_p 值 26.4%，V 数值为冬季 3.5、夏季 3.0，S 采风面积预算为 80m²，可以得出 P 值为 347.5W（夏季）和 555W（冬季），则计算出风力系统发电实际值为 1251kW·h（夏季），1998kW·h（冬季），可以解决部分照明用电问题。

综合上面的能源消耗估计，可以得知一体化方案中所采取的各种措施能够为我们的日常生活办公节省相当多的能源，比普通建筑设计方案更能够适应现代社会节约型的要求，具有很大的发展潜力。

第九章　太阳能与建筑一体化设计应用

太阳能与建筑一体化，正如前面所讲，就是得两者有机融合进而实现与建筑的同步设计、同步施工、同步验收、同步后期管理，使太阳能利用成为建筑的有机组成部分，从而实现建筑低能耗、节能环保的目标。

第一节　国外太阳能利用典型范例

一、国外利用范例

（一）澳大利亚悉尼奥运村——太阳能屋顶一体化（如图9-1、图9-2）

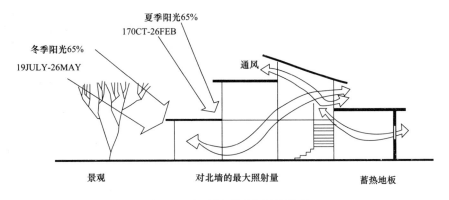

图9-1　奥运村无源太阳能模型

位于悉尼内城市郊 Homebush 湾的 Newington 是一个海拔较低的地区，围绕在奥运村周围占地262公顷。太阳能奥运村是其中的一部分，通过太阳能的运用使人们认识到可更新能源技术在为城市居住环境的发展以及能源的提供方面具有可观的商业价值。

悉尼奥运村实施节能工程及管理的最佳运作，建立一个有益于环境的社区，安装既不影响建筑美观，又不破坏顶层及太阳能系统，体现绿色主题。使用有益于环境的建筑材料与施工技术，例如，在建筑过程中使用绳索、绿色涂料、木材、黏土等可回收建材。节约用水，例如，卫生间外接水管使用循环水，比传统建筑减少50%的能源消耗。

图9-2　太阳能屋顶一体化：
澳大利亚悉尼奥运村

资料来源：http：//www.szbaepb.gov.cn。

建筑设计中考虑到的问题有：平衡光电效应，使之呈现平实的外景；根据设计理念、方位与城市规划的要求，PV 系统的显眼度也有不同；将太阳能系统与不同的建筑风格相融合；尽可能使屋顶位于西偏北 20°到东偏北 30°这个夹角中；使 80%左右的屋顶倾斜角在 25°，以获得最大的发电量；太阳能热水系统与光伏模板放在一起；当屋顶与方位不理想时控制非一体化系统的外观；产品由在防水的金属层上安装无框的 BP 太阳能高性能光伏模板建造。

（二）奥地利西部能源区——热量接收器和光伏效应模板展示厅（如图 9-3）

图 9-3　大面积安装的村庄光伏热量接收器：
奥地利西部村庄
资料来源：http://blog.sina.com.cn。

西部能源区坐落在奥地利最西部的 Vorarlberg 附近的 Satteins，是一个拥有 2550 人口的村庄，位于 Walgau 山谷的阳面坡上。这个建筑非常大，能够为其他的研究可更新技术的公司提供房屋。而且这个建筑将会非常容易扩建，西部能源区被发展成一个新的更新能源中心。在生态环境经受得起的情况下，建造者们的目标是要通过可更新的能源使整个建筑的能源需求最小化，使供暖和发电的能量供给最大化。结果，太阳能热量表层和两个合并在一起的热量能源系统以及作为后备能量源泉的 biodiesel 一起运作，满足了建筑的供暖需求（地板和墙的供暖），建筑南墙的光伏表层提供了电能。在屋顶，更多的光伏模板与输电网络连接到一起，作为能源设备被使用。

奥地利西部因其创新的、有利于环保的建筑设计而闻名。在那里，到处都是耗能低的房屋。大多数的房屋使用无源、有源的太阳能策略来减少温室气体的散发。这些光电效应模板可以同时为办公室的入口处及展示厅挡风。除了为建筑稳定的需要而建的巨大的顶棚和承载的钢架支撑结构外，还使用了绝缘性能比较好的、重量比较轻的建筑材料。在屋顶处，还有与光电效应能源设备连接的转化电能设备。在入口处的对面有一个电能量站，办公室的工人们用公司的使用电能的小汽车作为地方商业旅途的代步工具。

建筑设计的目标包括可更新能源应该能满足建筑的能源需求，光电效应系统和温水收集器应该被全部安装在建筑的外壳上，来自于收集器的预先加热的热水被用来为展示厅的水泥地板以及办公室内部表面供暖，选中的后备系统必须无害于环境，所有的工程设备必须能够协调起来一起工作，而且这些设备要有利于整个能量设计策略，整个建筑在必要情况下可以被轻易地扩建。

建筑物具有很高的能见度和紧凑、清晰的建筑外形，建筑中心的楼梯把办公室和展示厅连接起来，使雇主能够看到整个生产过程，透明的生产氛围对雇员们也有好处。办公室的温度被保持在 20~22℃，展示厅的温度最高为 16℃。

（三）加拿大多伦多高层屋顶——Ontario 能源有限公司总部光伏系统（如图 9-4、图 9-5）

光伏效应列阵被安放在 Ontario 能源发电有限公司的屋顶，坐落在加拿大多伦多闹市区的办公大楼总部。列阵包括 7 排不同长度的模板，每排从 5 块到 7 块不等。这样就形成了菱形的形

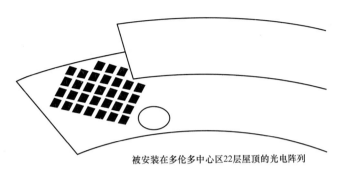

被安装在多伦多中心区22层屋顶的光电阵列

图 9-4　Ontario 能源有限公司总部光伏系统

图 9-5　高层屋顶平台光伏模块阵列：
加拿大 Ontario 能源有限公司
资料来源：Solar Power。

状，这些模板被固定成与水平面成 15° 的角度，从而维持了比较低的风承载的截面。模板被用电线连接成 4 串，每串 12 个。这些模板分别被配置了额定 12V 的电压，这就导致了每个直流电列阵运行的电压最高为 200V。交流电的输出电压为 208V，支撑结构是由标准的 off-the-shelf 的铝条制成的。所有的部件都被用螺栓固定在一起，不需要进行成本昂贵的焊接，因为这个结构不能被固定在屋顶上，所以只是用一些混凝土压载石给固定住。这些压载石都是用在停车场的标准的混凝土边石。

由于空间有限，光伏系统列阵被安放在这个建筑的次高层楼的楼顶。楼顶上铺满了从院子里收集的石头，由于没有固定的附属物，列阵的混凝土做的挡渣块儿被放在石头的上面，并且与作为内置线路支架的铝条互相锁定。为了不引人注意，光电模块被一排排地纵向放置。放置的角度在最初设计时为 30°，但是在多伦多这个地方，风并不是非常的大，建筑弯曲的形状以及列阵的位置使它们很难感受到风力，所以光电模块的放置角度被降为 15°，这样既可以最小限度的影响对风力的承载，又可以保持足够的倾斜角度来清除积雪。

（四）加拿大 William Farrell 大厦——光伏散热系统表层一体化（如图 9-6）

这个项目是对温哥华中心地区的 William Farrell 大厦进行的外部、内部的全面修复。这个 80 层楼高的办公建筑建于 1940 年，是为整个城市的电话系统以及户内的交流设备服务的。同时它还是技术和行政人员的办公室。这个建筑修复的最惹人注目的地方就是这个崭新的、双面反光的无框架的反光系统，它被悬挂在距离建筑门脸只有 900mm 的位置上。除了换掉原先的墙面砖之外，整个建筑的构造基本上没有改变。这个新建造建筑外部的气孔是一个热量缓冲器，同时又是一个天然的通风口，它显著地提高了建筑外表的耐热水平。

在这次修复中，还应用了许多其他的环保策略。通过使用低挥发性的有机化合漆、油毡、防水黏合剂、编织紧密的地毯来使室内的空气质量得到最大限度地提升。用灯架和白色的混凝土建成的顶棚来最大限度地保持室内的亮度。而且在建筑修复的过程中，大约75%的材料都来自于以前的建筑结构。这些材料保存起来就是为了再循环、再利用。这包括被重新分割、重新应用在底楼外部墙面上的花岗岩石和窗户、扶手、楼梯、门以及各种装置都可以再利用，而在这个建筑中选用的很多材料都是可以被再利用的。

图9-6　建筑表面一体化：
加拿大 William Farrell 大厦
资料来源：http：//bbs.topenergy.org/。

（五）丹麦 Brundtland 中心——屋顶和建筑表面系统（如图9-7、图9-8）

由于联合国的报告《我们共同的未来》中所做的推荐，丹麦政府选中 Toftlund 这个城市来展示节省总能量的51%的可能性，建立 Brundtland 中心的目的是积累信息、吸取经验，同时把这些信息传播给公众。这个中心被用作展览以及进行与能源话题有关的教育活动。同时还被用作公布节省能源活动的结果。这个建筑本身就是高效节能的设计，它使用了一些与光电有关的材料，包括日照系统、无源太阳能和无源冷却的使用。

这个建筑的目的是为了展示和普通的丹麦建筑水平相比如何使能源节省51%。计划的目标包括：低水平的能源消耗，与普通的建筑相比降低51%；较高的室内舒适水平以及有利于环保的材料的使用；展示与密封的窗用玻璃结合为一体的日照系统；展示安装在建筑上能够提供太阳阴影的半透明的光伏效应；展示为了使用无源太阳能而安装在建筑上的中庭。

图9-7　屋顶和建筑表面光伏系统：
丹麦 Brundtland 中心
资料来源：http：//blog.sina.com.cn。

对光伏效应进行的考虑使得整体设计的一体化效果以及审美效果和能效都非常好。在建筑中采用了两种类型的光伏系统。在中庭的顶棚上采用了光伏模块阵列形式，中庭毗邻两层建筑；另外一个光伏模块阵列被安装在办公区的东南面。在将光伏系统与建筑进行一体化设计的整个方案中并没有将焦点集中在从面板上获得最佳发电量上。这证明光电设施的采用必须有两个以上的服务目的，才能够使科技在现阶段的经济与发展条件下吸引建筑设计师。圆形不透明光伏单元被嵌套在封闭的双层透

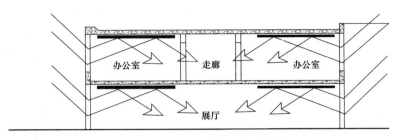

图 9-8　Brundland 中心剖面分析

明单元中，形成锯齿状中庭屋顶。中庭屋顶采用了光伏模块，延伸到了建筑物入口处，从而创造了一个大遮阳篷的效果。安装在中庭屋顶的光伏系统从中庭内部和建筑外部都能看到，将光伏系统安装在屋顶为整个建筑物、建筑布局和内部氛围都带来了特殊的效果。为了达到最佳的朝向和倾斜角度（南向 60°），中庭屋顶被设计成了锯齿状，向对角线方向铺设，钢结构屋顶与深色圆形单元相交替，与透明玻璃形成对比，使中庭充满了高科技氛围。在中庭内部漫布的柔和日光是非常值得关注的。薄薄的漫射玻璃与光伏模块相交织，柔化了圆形太阳能单元的硬朗轮廓。光伏系统的生动的蓝色融合到了建筑立面之上，为建筑物的整体形象带来了独特的极佳效果。

（六）德国：Mont-Cenis 美术馆

顶部安装半透明光伏玻璃窗以及安装光伏系统的玻璃建筑表层（如图 9-9）。这个地点以前是鲁尔中心区的煤矿所在地，在这个地区的中心建起了国际建筑展览中心。在过去的几年当中，开发了一系列的绿色空间，从而提高了鲁尔地区的生活质量。建筑地势要比周围的地区稍高一些，建筑本身有一个巨大的维持自己小气候的玻璃层，为其内部的几个建筑提供了庇护。它有 176ft 长、72ft 宽、15ft 高。它最初被设计成一个培训学院，但是现在它还有一些其他的功能。内部设有研讨室、会议室、招待所、饭店、健身房、图书馆、内务厅以及娱乐中心。这个建筑成为鲁尔地区最明显的建筑和最新的服务场所。这个工程使用了一系列的设施来维护和提高当地的环境：对现存污染土壤的净化，雨水的收集，地下水的重新利用，收集了用于城市供暖的以前的煤矿坑道所散发的气体。产生了无源太阳能以及用于加热水的有源太阳

图 9-9　建筑顶部安装半透明的光伏玻璃板及
光伏系统玻璃建筑表层：德国 Mont-Cenis 美术馆
资料来源：http://www.btsolar.com/bbsxp。

能，同时还使用了可循环使用的生态建筑材料和建筑技术。

建筑的玻璃外壳在冬天和夏天的时候可以进行气候上的转换，它可以挡风遮雨，使建筑的内部的气候像花园一样温和，非常类似于地中海式的气候。因此建筑的内部不再需要纯粹的防风避雨的设备，也不需要安装空调系统。相反与传统的空调技术相比，复杂的通风和加热系统大大地降低了能源的消耗：玻璃外壳的通风被建筑中心区自动控制，还建立了一个气象站和气候探测器来提供气候方面的数据。为了防止夏天过热，屋顶和建筑表层可以不时地被打开，安装在比较低的建筑表层处的门也可以被打开。树木的阴影以及瀑布和温泉的冷却效果也被利用上了。来自于凉爽的外部空间的新鲜空气可以通过地下管道直接输送到建筑的内部，在非常冷或非常热的时候，空气可以自然地被加热或冷却。通过自然手段和机械手段，玻璃表层内部的建筑通风问题被解决了。为了降低冬天的能源消耗，同时也为了使建筑内部在夏天能够自然冷却，还安装了一个带有热量转换系统的空气控制设备，这个加热系统每年每平方米用的电量不到 $2kW \cdot h$。在冬天每年的热量需求低于 $50kW \cdot h$，而整个建筑的能源需求在安装的设备控制到最佳状态的时候每年每平方米会达到 $32kW \cdot h$，这意味着这个建筑要比按正常标准安装的建筑少用 23% 的能量。

不同的日光光照技术被应用到建筑当中。除了光伏屋顶的特殊设计之外，在玻璃外壳内的建筑的某些表面还安装了光架，从而使日光更深地反射到各个屋子当中。在微气候外壳上还安装了全息摄影胶片，这种胶片能够使太阳光折射到图书馆和门厅里。在图书馆里，全息摄影胶片是日光反射装置，它们会使光照的水平加强。在门厅处，它们破坏了光的波长，从而创造出了彩虹的效果。

生态建筑材料以及建筑技巧的使用使建筑的维修非常容易，同时还为循环再利用打下了基础。但这也导致了能够使用的建筑材料的有限。主要的建筑材料包括木材、玻璃和混凝土。建筑的木材设备利用了当地的木材资源，玻璃表层的主要的支撑柱是由附近森林运来的 130 年生的松树的树干制成的。由于气候的保护作用，这些树木并不需要被重新处理。统一的基础框架使得前

图 9-10　屋顶光伏改建：
意大利罗马儿童博物馆
资料来源：http：//www.cnsolor.cn。

期成本得以节约，而外面使用了蜡封的落叶松木和碾压的落叶松木。混凝土结构充当了吸热器，平衡了白天和夜晚以及不同时期的温差。

制造微气候玻璃外壳共需要 $20\,640m^2$ 的玻璃，其中 $10\,533m^2$ 的玻璃需要安装光电管，而屋顶只能提供 $9744m^2$ 的地方来安装光伏模板。而其余的没有安装下的模板只能被安装在建筑的西面的表层里。光伏模板是建筑的多功能设备，它们在同一时间能够提供荫凉、日照和电能。安装在屋顶的光伏模板向南倾斜 $5°$，而安装在表层的光伏模板向西倾斜 $90°$，由于地点和位置的关系，不可能达到最佳的角度 $28°$。最初设计的建筑顶部的玻璃窗的普通玻璃板用同样尺寸的半透明的光伏模板代替就可以了。

（七）意大利罗马儿童博物馆——光伏屋顶及华盖（如图 9-10、图 9-11）

坐落于历史名城罗马，并在公共交通站原址上兴建的这座博物馆将巨大的建筑体系改建成了一处展览空间广阔的多功能罗马儿童博物馆。

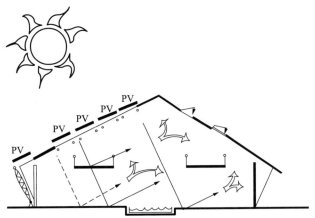

图 9-11　屋顶光伏改建原理示意图：意大利罗马儿童博物馆

资料来源：http://tech.sina.com.cn。

主展览厅是钢铸铁结构，建于 1920 年，整个建筑占地 2500m²，户外还有 3000m² 的绿色植被，其展览面积可达 1500m²。整个工程的设计都基于环保方面的考虑，所有使用的建筑材料都是经回收处理或能够回收的无毒材料。

起初由于传统的技术方法、节约开支的要求以及紧迫的时间表，这一工程并没有考虑使用可更新能源。起初计划在屋顶安装 3kW 的可移动式能保护巨大的天窗光伏装置，以及在南侧外墙上安装可移动的 12kW 的华盖。在权衡了几个相关系统及投资预算后，最终决定只在最主要的位置安装可移动装置，这样能使室内环境与户外自然光线最佳地结合在一起。开销的数据显示，在天窗处用双面涂层的光伏模板来代替传统的玻璃会减少光伏的安装费用，也会减少屋顶的维修费用。光伏天窗也会提高室内的舒适感以及屋顶的美观程度。

光伏系统安装被分成两个部分——挡光设备和天窗，这两个系统已经成为工业建筑不可分割的部分。7kW 的光伏顶棚系统通过与屋顶连接的、可交替的、固定的以及可移动的部件进行工作，来为南部建筑表层挡光。

发动机和光伏建筑设备的所有机械部分都被设计成简化安装技术，从而降低生产、装配和安装的成本，降低维修成本，引进有趣的配置，以便在引进光伏技术时使人们感到亲切。

（八）日本 NTT DoCoMo 大厦——表层一体化（如图 9-12）

NTT DoCoMo 大厦坐落在东京的中心区。NTT 移动通信网络有限公司的交流信息总部决定把光伏系统安

图 9-12　建筑表层一体化：
日本 NTT DoCoMo 大厦

资料来源：http://www.lalulalu.com。

装在建筑的表面来反映其环境上的档次。这也是日本第一次在 200ft 高度的建筑上安装光伏系统。

在最初的设计过程当中，并没有使用光伏系统。但是，在建筑施工的 6 个月当中，决定在建筑的外部安装光伏系统。建筑南面展示了巨大的表面空间，能够获得充足的太阳光。系统中每个单元的电压都是一样的，每组电压都与中心的 10kW 转换器相连。每隔 34 层楼就安装一个电连接板，从而降低模板到转换器之间的电线的长度。在进行表面安装时，遮光是最主要的问题。模板的部分遮光大大地影响了能够产生的电能的容量，于是进行了一个内部平行的循环设计降低了这种效果。结果，挡光对电能产生的反作用降低了。与传统的电线的方法相比，产生的电量增加了 77%。在白天供电高峰时光伏系统为一个广告塔楼上的电子显示屏提供了巨大的电能。在停电或地震到来时，它能够提供紧急电能，从而保证了建筑内部基本的电话通信系统的正常运行。

（九）日本 J 型房屋——屋顶瓦面一体化、双层反光玻璃一体化（如图 9-13、图 9-14）

J-HOUSE 坐落在东京 Shinjuku Ward 的密集住宅区。这个计划是要建一个使用自然资源和太阳能，并且与周围环境和谐的环保住宅。通过大的开口和起居室内的一个 Wellhole 引起了一个地下的制

图 9-13 双层反光玻璃一体化

资料来源：日本建筑技术图集。

冷系统和一个自然的通风系统。从而确保了夏日的舒适。在冬天，从玻璃窗射入的阳光及来自于屋顶的暖风使起居室成为一个冬日花园，从而创造了一个无源太阳能房屋。在起居室的井孔里安装了热水发热的地板供暖系统和一个木制的炉子，屋内地板的设计使热空气能够进到各个房间。天然建筑材料如混凝土、木头和硅藻的使用确保了室内有利于身心健康的环境。

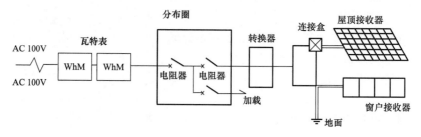

图 9-14 光伏系统的思路模型

（十）日本 SBIC 东部建筑——一体化的竖直天窗、水平屋檐、钉板条低墙以及屋顶上的标准模板（如图9-15）

SBIC 东部建筑位于 Shibuya，一个被新开发的城市中心，正在不断地被扩大。建筑的这个地点以前是闲置不用的，曾经是一个日本国家铁路的货运终点站。SBIC 东部建筑中有大型会议室、培训厅和展示区，还有防震的结构。由于瓷砖和玻璃的大量使用，给人一种透明的感觉。为了储存能量，还安装了性能优越的防雨和绝缘装置，所有的窗户都是双层反光的，而且在玻璃墙的下面还安装小窗，以确保在适宜的季节的自然通风。三层的大厅可以让自然光射入，它对于每间独立的办公室充当热量缓冲器的角色，而且对于雇员来说这个大厅还是交流沟通的场所。

图9-15　一体化的竖直天窗、水平屋檐及
屋顶上的标准模板
资料来源：天津建设科技。

SBIC 东部建筑有 4 种类型的光伏列阵：在凉棚上的屋檐型列阵，在屋顶上的倾斜型列阵，在低墙上的钉板条型列阵和遮光的屋顶窗列阵。安装在楼体西侧的半透明遮光天窗既具有节能功效，又具有发电功能，是外部结构设计的一个重要组成部分。半透明天窗使建筑内部实现了全新的设计。

（十一）荷兰能源研究基金会（ECN）42 号楼——综合光伏系统及温室反光（如图9-16）

图9-16　建筑综合光伏系统及温室反光：
荷兰能源研究基金会42号楼
资料来源：http://www. sidite-solar.com。

当计划开始的时候，本来决定将 42 号楼建造成已有环境中利用可再生资源以及低耗能标准的示范工程。由 ECN 执行参考工作，ECN 的目标是促使 42 号楼成为荷兰能源利用效率最高的办公楼。

能源消耗与建筑的外壳和装置直接相关，例如照明的需要和电梯能源。但是尽管电梯和照明能源消耗依赖于建筑的利用强度和用途，比如作为实验室，有时需要每小时 7 倍的换气率。这意味着需要大量的机械通风有时还需要高功率的空调。这样的空间制冷以及制热的需求不能与其他用途的能源利用相比。电量需求仍旧依赖于使用的设备和该空间里进行的工作，尽管在 42 楼里同样大小的房间，能量消耗却很不一样。在荷兰，楼梯的能源使用效率相对于 EPC（能源性能系数度量）为基准，由在楼体编码中产生的计算方法所产生，能源消耗在 EPC 中反映。

为了避免耗资和将来建筑过程的能源密集消耗，建筑被设计为办公楼同时也是实验室。巨大的通风通道、合适的装置和装置通道、无负担的墙壁和良好的日照，与不同的功用相适应。最终应用于建筑中的措施为：光照控制模拟照明系统（原因是使用者不经常关注照明耗电的重要程度）；通风与热能恢复系统；夏天夜晚通过中心可开启窗户通风；通过方位角和温室来优化日照；紧缩楼体形态；未加热温室空间作为气候缓冲器；温室反光来降低制冷负担；空气加热系统来满足低的需求。

（十二）荷兰 Le Donjon——建筑表层的光伏顶棚（如图 9-17、图 9-18）

图 9-17　建筑表层的光伏顶棚：荷兰 Le Donjon
资料来源：国外建筑设计详图图集。

这个办公建筑坐落于 Gouda，一座小城镇，位于荷兰的绿色中心。这个建筑位于有两层砖制住宅区和一条铁轨之间，前面有一所中学。

城镇计划条例和建筑标志都严格要求新的建筑设计必须与它的建筑环境内容相结合。因此，应选择平展的屋顶和黑红的砖。同样低能耗的设计被用于所有三个单元：地板和屋顶是由 0.27W/M 的 U-value 的混凝土制成的，墙是用沙石灰砖，外部的砖采用红棕色的 0.24W/M 的 U-value。在南面的窗户很大而北面的窗户较小，窗户的框架是环保的，由松木做成，在它的外部附着铝制的棱作为天气防护物。所有南面和西面的窗户都用 0.98W/M 的 U-value 的金属百叶窗。而北面和东面的窗户是 1.1W/M 的 U-value 百叶窗。

其建筑生态学上的表现为：自然的材料比如森林管理委员会（LSC）保护木材，自然的涂料和油地毡；水源的节省装置和雨水被用于厕所的冲刷；装满雨水的池塘慢慢地排放雨水浇灌屋顶花园；隐蔽的盒子为蝙蝠和雨燕准备。

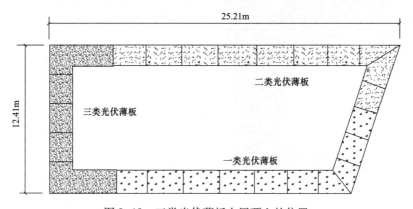

图 9-18　三类光伏薄板在屋顶上的位置

190

（十三）荷兰 Nieuwland——多样化的屋顶和建筑表面一体化（如图 9-19、图 9-20）

Nieuwland 是 Amersfoort 市一个新的居住区，在荷兰的中心。它是由政府和私人合伙经营的。市政当局和房地产开发商和建筑公司一起开发这个地区。整个的 Nieuwland 协议包括了为 11 000 个居民提供的 4000 所住宅。

建筑的一部分不采用一体化形式，而以平屋顶为基础装配光伏模板。因为屋顶一体化结构不能满足整个工程对这些房屋的要求。在另外一些部分，压缩了建造成本（社会福利房），原因是平屋顶的设计（比坡屋顶成本低）。在一些房屋上，建筑师因为考虑到建筑学上的原则坚持采用平屋顶，现在这些房屋排列在 Nieuwland 最昂贵的房屋之中，很遗憾没有显示出较高的视觉冲击力和显眼的光伏标志。

在建筑群中共享一条中央街道的两排房屋部分，在坡屋顶的其他大部分地方，每排房屋都在南面有它自己的街道。然而在这个地方，

图 9-19　荷兰 Nieuwland 多样化的屋顶与
建筑表面一体化
资料来源：国外建筑设计详图图集。

总体设计要求以这条街道为中心，两侧形成对称布局，这样就要求必须对称设计。在街的这一面的出口朝南而另一面的出口朝北，如果房屋完全保持对称，那么这个斜坡区就需要在街道的一面朝北而在另一面朝南。于是建筑师决定为光伏系统创造一个相当狭窄的区域，既可以在屋顶被倒转，又不会破坏这样的对称格局。为让阳光进入到下面的中央楼梯，在光伏模板的背面安装了一扇朝北的窗户，使建筑获得最大量的太阳辐射。建筑师对窗户的剖面效果不完全满意，如孤立的玻璃、可看穿的板材、北面的板材等。尽管经验不是非常丰富，建筑师仍然感觉到这些设计不算优雅，必须找到更好的方法去解决这些问题。

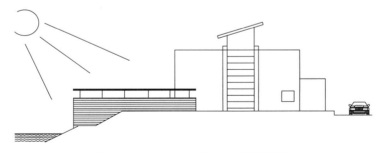

图 9-20　Nieuwland 居住区房屋剖面图

（十四）韩国 KIER 超低能耗建筑——屋顶一体化（如图 9-21）

位于首都首尔南 700m 的韩国能源研究所（KIER）是一所全国性的科研机构。1998 年，该研究所开始发起实施一项设计并建造超低耗能房屋的全国性工程，简称为 SLEB。这种高效利用

能源房屋具有如下六大特点：双层外观设计、热储存水箱、地面连接热交换系统、系统一体化控制、高效真空太阳能热搜集器和 30kW 太阳能系统。

在建筑具体建造安装过程中采用了以下措施：韩国制造的复晶硅太阳能电池并与 580 块三星 SM-50PV 模板装配；推荐太阳能电池矩形支柱面一面打开；安装转换器以便监控负载和提供内部照明等其他用途；模板连接器用来连接每块模板的能量输出；安装整体监控系统；安装避雷针；屋顶侧面高度降低至 45cm。

（十五）瑞士学生宿舍——表面一体化（如图 9-22）

图 9-21　建筑物屋顶 PV 一体化：　　　图 9-22　经过改建后的光伏外表面的瑞士学生宿舍
　　　　　韩国能源研究所工程　　　　　　　　　资料来源：http：//www.arch-world.cn。
　资料来源：http：//www.astro.com.tw。

该综合楼由两栋平行的各自三层的建筑物组成，彼此由有遮顶的走廊通道相连。该综合楼始建于 1962 年，是为 1964 年的瑞士国家展览会作管理中心而修建的。后来它们曾被用来做学生宿舍，现在隶属于大学住房基金会和瑞士联邦科技研究所。

尽管建筑物曾几次在局部进行了维修，然而对它作全面彻底的修缮还是十分必需的。大量的热能从建筑物外表流失，由于多年来的过度使用，建筑物的服务功能也急需得到维护和改善以满足当代社会的使用和安全要求，特别重要的一点是，建筑物外表层必须经隔离覆盖并用金属包层覆面。

建筑的外观使人愉悦，每块有 240 个模板。蓝色的 TEDLAR 电池结构使光伏装置外观统一而且便于装配，这些标准薄片很适合建筑物的规格特点，能够被轻易地安装在建筑的外层上。扎牢扣紧工作简单，在与建筑物外层装配时只要作细微的改动。与建筑物结构连在一起的通风装置被保留下来用于光伏装置的通风制冷。在每个建筑的中央部位安装可涂漆板材，使建筑的视觉效果更加高耸。

（十六）英国诺丁汉大学 Jubilee 学院——屋顶一体化（如图 9-23）

这所大学获得英国皇家特勋迄今有 50 年了。在这期间，它建立起了有意识的倡导环保设计

图 9-23　光伏阵列与屋顶装配的中庭顶面：英国诺丁汉大学 Jubilee 学院

资料来源：http：//www.topenergy.org/。

的威望。与该校的一贯原则相符，新校区旨在树立一个可持续发展的设计楷模。其目标是减少二氧化碳排放量 70%，提高大学生及高等教育领域中的环保意识，演示可持续工业再生产的可行性，并力争在现有的资金基础上实现这些目标。

Jubilee 学院建于距现在的 Beeston 学院不到 1mile 的一块 7.5ha 的土地上。两侧为城市双排车道，低层楼房和仓储库。它的兴建为这里增加了一处美化环境的绿洲，新校园由学术楼和毗邻新河的学生宿舍组成。

根据设计计划，校园占地面积达 41 000m²，要满足包括本科生和研究生在内的 2000 名学生的住宿需求，校园中还有三座院系学术楼，一座中心教学楼和一座信息资源中心。13 000m² 的河流构成了郊区与新建建筑物之间的缓冲带，最大限度地实现公共空间和野生动物的舒适生活程度。选址方案注重了充分发挥方位优势，重视美化景观并为行人提供了优于车辆的优先权。建筑物选址在能够充分利用盛行西南风的地方，最大限度利用被动吸收到的太阳能，对西南部的森林地带加强了规划改造以提供林阴带、遮蔽处和凉爽区。

每座学术楼都包括有 3 层结构的侧翼。这些副建筑与可作为社交场的宽敞的前厅和优美的露天球场相通。它们保持着简洁大方的风格，地面选用混凝土作原料，规格为每块方格 6m×6m。无遮掩的梁底面和立柱成为供热材料，与用苔原植被的绿色屋顶起到相同的作用。条件允许情况下尽量选择有持续供应渠道的原材料而避免使用吸收热能较高的材料。院系学术楼选用了从加拿大引进的红杉树环绕，原因是其将获得世界野生动物基金/森林管理审议资格。预先建好的镀层木板包铺于正厅的内外两侧，形成一堵散气墙，其中间的 Warmcell 绝缘层能够吸收水汽，墙体 U 值（绝缘材料等阻挡热流通过墙壁、屋顶或地板等的阻力计算单位，U 值越低则绝缘有效级越高）为 0.287，铺设正厅内侧的板材后面加铺了一层可吸收声音的隔音板。

即使是天色晦暗的白天，不管是在正厅还是在教学区都不需要人工照明。低耗能照明由独立的先进技术的照明系统控制，与每个房间的红外线辐射探测器相连接，可由人们的活动和日光照射激活，最高能量输入为 $8W/m^2$。筒形穹顶屋顶下的教学区由 Monodraught 灯管照亮，在熄灯命令下关闭。在窗户上不安装水平木制百叶窗避免教学楼中可能出现的炫目耀眼问题。百叶窗薄面粉刷成白色，遮蔽正厅的双层玻璃的内面窗帘是自动卷帘，西南朝向的建筑物正面有可自由伸缩的遮挡窗帘来减弱刺眼的阳光和灼热。

（十七）英国 Doxford 太阳能办公大楼——倾斜表面一体化（如图 9-24、图 9-25）

图 9-24 结合于建筑南立面的光伏列阵：英国 Doxford 商务中心　　图 9-25 太阳能办公大楼内部景观
资料来源：http://www.pvdatabase.com。　　　　　　　　　　　　资料来源：www.pvdatabase.com。

太阳能办公大楼是一座新型建筑，位于英格兰东北部的桑德兰，是为地处 Doxford 国际商务中心上的 Akeler 发展有限公司而设计的。

建筑物的整体形状设计成 V 字形。V 形的两端展开，彼此相隔，建筑的中央核心部位位于 V 形的顶点。从外表上看，该建筑物的表面长度为 66m，朝南方向倾斜。在建筑物的正面正中处为一个主要入口。倾斜的建筑物表面后是三层结构的中央大厅。在建筑物正面与其侧翼之间为该大楼的内部走廊通道。设计中每个侧翼均与正南方偏差 5°，这在光伏装置的功效上几乎不会受到影响，但的确给整座建筑赋予了生机和活力。

建筑物正面表面积约为 $950m^2$，建筑物正面的无源被动利用太阳热能系统将能够在 1/3 的表面积上装配完成。当窗户打开，暴露在日光下时，将能够吸收外界的固定不变的太阳光，来完成自动点燃顶层灯，用手控制打开中区灯，并为室内挡光设施物或室内灯架和屏风提供能源。建筑平面现场日照分析图如图 9-26 所示。

在幕墙/屋顶结构中包含了：水平条状透明玻璃安装；在电池本身组成模板区域时使用半透明光伏模板，以降低进入建筑物内部的光线强度；在 80%~90% 的太阳光被紧密结合的电池排斥的区域使用不透明的光伏模板。

（十八）美国 4 时报广场——建筑物表面一体化、光伏玻璃薄片（如图 9-27、图 9-28）

这幢 48 层的摩天大楼位于美国百老汇街一角和第 42 号大街，是纽约市在 20 世纪 90 年代建造的一幢重要的建筑物，为了提升高质量的城市建筑物的环境标准，大楼的所有者实施大范围

194

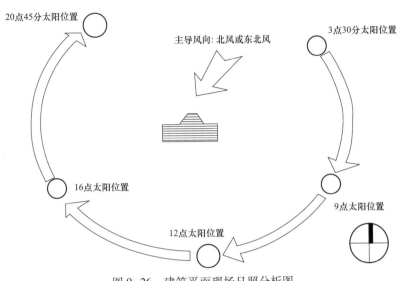

20点45分太阳位置

主导风向: 北风或东北风

3点30分太阳位置

16点太阳位置

9点太阳位置

12点太阳位置

图9-26　建筑平面现场日照分析图

的建设策略措施以建成壮观环保、能高效利用能源的建筑。

图9-27　使用订制的光伏玻璃片的建筑表面
一体化建筑：纽约4时报广场
资料来源：http://www.arch-world.cn。

图9-28　融合于幕墙装配中的光伏模板
资料来源：http://www.arch-world.cn。

除了太阳能系统外，4时报广场在设计上还结合了其他耐久性建筑物的许多设计技巧。大尺寸规格的窗户可以使更多的日光照射进室内而减少了人工照明；HVAC 系统使用 CFC 和无 HCFC 以煤气为燃料的吸收冷却设备取代了传统的以煤为燃料的电力供应系统。光伏模板与建筑结构的结合与传统玻璃材料施工方式完全相同。在玻璃部件背面边缘处黏着的硅与铝框架胶合固定。建筑物南面和东面外观的 37~43 层被选定作为光生伏打表层的施工现场。按照定制的规格尺寸制成的光伏玻璃薄片模板代替了常规使用的玻璃建材。

（十九）德国弗莱堡太阳能社区（如图 9-29）

(a)   (b)

图 9-29　德国弗莱堡太阳能社区

弗莱堡位于德国日照最充沛的区域，是一个适合发展太阳能的地区，20 世纪 70 年代，德国政府打算在弗莱堡外 30km 处建一座核电站，但遭到强烈反对，弗莱堡市民掀起了大规模的反核抗议示威，从而使环保生态的理念开始深入人心，于是这一无污染的新能源成为了发展方向。如今弗莱堡是公认的德国环境之都和太阳能之都，是世界环境科学和太阳能研究的中心之一，是德国唯一一个家庭用电量和发电量实现平衡的小区。这个城市大量运用太阳能，从体育馆的屋面到社区住宅的屋顶都覆盖着太阳能板，甚至对于某些住区而言，产生的电能超过了居民使用的需求。

太阳能社区和它的附属商业设施太阳船由著名的太阳能建筑师罗尔夫·迪师设计，是弗莱堡旗帜性的太阳能社区。2004 年建成，共约 16 000m²，59 套公寓。居民建筑的屋顶是由设置成完美角度的光伏板构成，但是它们也可以作为一个巨大的遮阳伞。所以即使日照非常强烈的时候，下面的居民也能享受凉爽的温度。

该地区的建筑特点：① 建筑朝阳；② 南面坡屋顶较北面坡屋顶更宽大；③ 北面建筑开小窗或封闭，以抵御冬季寒风；④ 南向打开窗；⑤ 卧室设在南向，厨房设在北侧作为气温缓冲；⑥ 外墙采用保温材料；⑦ 内墙采用保暖材料。

除发电之外，整个社区的建筑也非常节能。在欧洲，一般居民家里用电量大约为 220kW·h/m²，而弗莱堡市居民建筑的平均用电量每年仅为 50kW·h/m²。从 1992 年开始，弗莱堡市就规定，所有的新建住宅，其节能标准要比德国政府规定的标准低 30%，而在瓦邦，有 100 多套超级节能住宅，每年用电量居然只有 15kW·h/m²。住宅的墙壁内有 30cm 的泡沫夹层，起着隔声、隔热和保暖的功能，窗户是密封严实的三层玻璃窗；最重要的是通风设计，墙板内有一条独特的烟道直通屋顶，室内外空气通过夹层烟道流通，控制冷热交换，保持室内冬暖夏凉。虽然这种节能房屋的造价要比普通住宅贵 10%，但节能效益却超过 90%。

（二十）垂直村落（如图 9-30）

 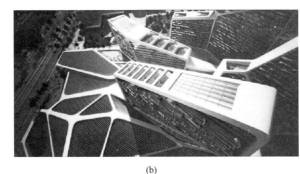

(a)　　　　　　　　　　　　　　　　　(b)

图 9-30　垂直村落

由 GRAFT 建筑师事务所设计的垂直村落是一个集住宅、酒店、娱乐等功能于一体的开发项目，它位于迪拜，充分利用了沙漠中最强大的可再生资源——阳光。建筑的组织布局以减少太阳的热和最大化太阳能生产为目的，基地东西轴线北侧的建筑被设计成自遮阳的板楼，以减少照射到室内的入射角较小的阳光。基地南侧的建筑安装了大量的太阳能集热器，安装角度根据太阳照射方向进行优化。

鉴于迪拜所处的沙漠地貌特征，其建筑如何在利用太阳能发电的同时，还可以避免内部温度过高是建筑设计师一直在思索的问题。其中一个解决方案是，建筑的设计可以使得其自身可以为建筑提供阴凉。Graft 设计的垂直村落就是这一设计思维的绝佳体现。垂直村落带倾斜角度的地基，使得其建筑主体可以处于太阳能板遮盖之下，而对角板型的大厦也可以降低低角度太阳光的渗入。大厦可设置为住宅单元，而建筑基座可设置为电影院、宾馆及购物场所等。

（二十一）高雄龙腾体育馆（如图 9-31）

图 9-31 是位于台湾高雄的太阳能体育场，由日本建筑师伊东丰雄设计。体育场的屋顶由 8844 块太阳能电池板组成。"世界运动会体育场"有 55 000 个观众席，造价为 1.5 亿美元。体育场有 14 155m² 的光电池屋顶，是世界最大的太阳能供电体育场。它每年可以产生 114 万 kW·h

197

(a)

(b)

(c)

图 9-31　高雄龙腾体育馆

的电力，当该太阳能装置不再使用时，屋顶太阳能板产生的电能反馈到城市电网中，可以给周围 80% 附近居民区提供电力。同时，运动场馆采用开放式的设计，面向水池与草地开敞，迎接夏天的自然南风，不需要机械送风。

世运主场馆看台屋顶以螺旋连续体、2.75m 的间隔，排列成大周期的波动材，形成网状连接。屋顶整体由桁架、振荡环螺旋与太阳能电池阵列组成三层结构，悬挑于看台之上。

（二十二）电谷锦江（如图 9-32）

电谷锦江是国内首座太阳能发电与建筑一体化完美结合的标志性建筑，也是国内第一个实现建筑光伏发电并网运行，发电系统全动化。

(a)

(b)

图 9-32　电谷锦江

这座被定义为"金属与玻璃的时装"的太阳能光伏大厦，在楼顶、立面、裙楼顶甚至是挡雨篷等9个不同部位，安装了55种不同型号的太阳能电池板，总计达到3800块、4500m²。在一般天气的阳光照射下，这座大厦的光电玻璃幕墙便能产生0.3MW电能。按当地年平均日照时间来估算，预计年发电量为26万kW·h，相当于一个小型的发电站，发出来的电直接并入大电网。同时年可替代104t标准煤，减少二氧化碳排放量75.5t，二氧化硫排放量2.3t，烟尘排放量1.8t，是一座绿色、环保、人性化、科技化的完美建筑。

普通的光伏发电板是不透光的，但作为一座五星级酒店，首先要考虑到居住的舒适性，因此房间必须保证采光良好、温度适宜、外观悦目。这就要求安装在酒店上是一种全新的太阳能电池板。经过科技人员艰苦攻关，终于研发出一种全名为"双玻组件"的太阳能电池板。用这种"双玻组件"建成的玻璃幕墙，既具有传统幕墙的功能，也能够将阳光转换成清洁电力，即使在阴天也能够发电。同时还具有良好的透光、遮阳、节能、隔声效果。

太阳能光电板发出来的是直流电，一般需要用蓄电池将太阳能发出的电进行储存。而并网发电则是将太阳能电力用设备直接并入电网使用。电谷锦江大厦就是通过专用设备将太阳能电池板发出的直流电，转换成符合电网要求的交流电。经过升压后的太阳能电力，可以达到与常规电力一样的要求，满足生产和生活需要。

由于太阳能幕墙的安装和并网发电的实现，这座高科技的"光电大厦"拥有了光伏建筑一体化在五星级酒店的应用、呼吸式太阳能玻璃幕墙的应用和大规模多角度光伏建筑一体化应用的三个"中国第一"。同时，将为我国太阳能双玻组件的产品标准、太阳能双玻组件在幕墙应用的设计标准、太阳能双玻组件在幕墙应用的安装标准"三个标准"的建立奠定基础。

（二十三）青岛火车站

青岛客运站改造工程是青岛市迎接奥运会标志性工程之一，建筑呈"U"形布局，如图9-33所示形成开阔的欧式风格站房，雨篷采用拱形单层网壳屋面承重体系，如图9-34所示上敷实芯阳光板，在广场南部架设空中观光连廊，上敷设光伏组件板，利用太阳能发电为客运站提供部分电力，并提升青岛火车站的形象，体现绿色奥运的精神，为节能减排起到表率作用。

图9-33 青岛火车站外景

青岛站建筑设计中要求光伏组件安装后具备雨篷基本的采光遮阳挡雨功能，因此光伏组件板组件采用夹膜玻璃类型，符合国家规范对建筑采光顶的要求，确保安全功能。采用非晶硅薄膜电池，外层为高透低铁超白玻璃，比普通玻璃可以透过更多的太阳光，产生更多的电量，在弱光的早晨、傍晚、雨天也能发电。光伏组件表面呈深褐色，内表面为银色，并镀有Low-E膜，具有

图 9-34　青岛火车站顶篷

良好的建筑热工性能，保温隔热效果与双层 Low-E 玻璃相当。

青岛全年辐射为 118.1kcal/cm^2，换算成太阳能发电的常用单位则为 1373.27kW·h/m^2，按照标准辐射（AM1.5，1000W/m^2）换算，则相当于全年标准日照时间为 1373.27h，平均每日标准日照时为 3.76h。经过前述方法计算，青岛站光伏发电系统全年发电量在 6 万~8 万 kW·h 之间，具体发电量要视当年实际太阳辐射能量而定。

（二十四）零碳天地

吕元祥建筑师事务所于 2011 年 4 月受建造业议会委托，设计全港首个零碳建筑项目——零碳天地（如图 9-35）。项目工程于 2011 年 7 月开始土地平整工程，并于 8 月进行地基及上盖工程，整个项目于 2012 年 6 月正式竣工。其主要设施包括项目集工作、教育及小区康乐于一体，连地库共有三层，包括展览及教育场地、绿色办公室、绿色家居及会堂。公众休憩绿化区包括广场、室外展区、香港首个都市原生林以及绿色茶室。

"零碳天地"采用太阳能以及较环保的生物柴油发电，其产生的可再生能源比营运时所需能源更多，并可将剩余能源回馈公共电网，以抵消建造过程及建筑材料本身在制造和运输过程中所使用的能源。此外，建筑物内多个设计，包括通风、外墙及玻璃等，也能有效减少能源消耗。而建筑物位置、朝向及形态均经过巧妙设计，考虑到微气候的研究，尽量采用该处的大自然热能及通风。

此外，建筑物锥状和长形的形态，能同时增加室内的空气流通和采光，并减少建筑物吸收到太阳热量。而内部的对流通风布局，可增强自然通风，达到减低空调需求。

外墙方面，采用了高性能外墙和玻璃及室外遮阳，降低建筑物总热传值。项目设计概念高度结合了再生能源科技及建筑技巧，充分体现了环保效益。

二、非用于建筑物结构的光伏设备

光生伏打效应技术特别适用于在城市郊区使用和对传统街道的创新改建上。城市建筑、房屋楼群、公共用地、街景街貌和河流特征都与一座城市的社会、经济和文化特色密切相关。因此经常成为城市形象整体规划的最重要部分，随着城市权力机关大力推进城市可持续性发展的战略，利

200

(a)   (b)

图 9-35 零碳天地

用太阳能在公共场所供给能量的创造性尝试使城市向科技化发展的步伐加大，并且越来越普遍。在城市中使用光伏装置技术已经在世界上的许多大城市中获得了成功的范例。许多情况下，在城市中通过积极安装，加强光生伏打材料的装配质量能够实现技术上可达到的期望功效。

（一）非建筑用光伏材料在具体环境中的应用

城市街道设施：停车计量器、信息板、自动售票机、气象站台、旅游线路指示图。

路障：栅栏、公路噪声屏障、大门、扶手。

躲避处和公共摊亭：加油站、公共汽车站、电话、停车处、阳伞、信息站、休息亭、厕所、报刊亭。

单体架空式结构：路灯、路牌、广告牌、公路路标。

复合架空式结构：公路标识隔板、屏幕式公共广告板。

（二）光伏模板实施问题和人们对它的质疑

当光伏模板在城区安装时（通常在街道上）诸如树阴遮挡和低照射的问题就受到了普遍关注。同样可使用范围的局限和美学上的限制都降低了可利用的能源水平，而不能满足实际的电量需求。当然通过合理的计划可以避免这些情况，城市中微观气候的影响同样应该被认真考虑。施工形式和由施工产生的涉及范围内的人员活动会干扰当地气候状况，造成在建造设施物与街道上其他建筑物之间产生周围环境温湿度过高、烟雾产生和风向干扰的现象。难以预料的街道上吹来的阵风也可给施工造成阻碍，尤其是对起到支撑结构作用的大块抗风阻力模板的表面影响更大。不同的光伏模板型号、周围温度、湿气过高和阳光直接照射程度的减弱会直接降低光伏装置的耐用性，影响其运行状况。此外鸟类遗落的粪便和累积起来的交通污染、硅渣废物都会影响到光伏装置的工作情况。不过完善周全的设计和维护策略可以帮助缓解这些威胁。

其具体问题可以体现在下述几个方面。

1）技术性能，维护、维修和取代。偶尔出现的模板运行故障可以通过修理和更换受损部件解决处理，无须损坏或拆卸其他部分组件。

2）美观外形。如果光伏装置需要安装在诸如历史科学中心、公园和花园、非城区和野生动物活动区等特殊场所中时，必须认真考虑到环境的因素。

3）视觉冲击。由于一些光伏装置美观性很差，只是作为技术设备的一个部件，因此常常会导致对安装这类设备的反对。

4）暴力破坏行为。这在城市中是个严重的问题，对此有关管理和服务人员付出了相当大的努力。沿街建筑设施受损、乱涂乱画、城市公共设施损坏、汽车和店铺窗户被打碎是一些常见现象。如果在周末、音乐会或体育大赛时情况会更加严重。这类问题单靠光伏装置本身的维护是难以解决的，最好的方法是形成有效的整体统筹策略。偷窃的情况主要发生在公共场所安装的光伏装置上，原因是偷盗模板的人不了解模板与其使用者之间的关系。另外由于装配上的纰漏，即使不太专业的小偷也很容易得手，这也是一个原因。偷窃行为的产生还与模板的价格昂贵和存在这类产品的二手市场有很大的关系。全面细致的设计策略可以帮助减少盗窃和故意破坏者造成的危害，保证公共设施安全和维持装置的理想运行。

5）成本。这不是光伏装置需要单独强调的特有问题。尽管通过更周密完善的设计和合理使用材料可以解决前面提到的一些问题，高成本的光伏部件还是会直接影响公众对它经济上的可承受能力。

在如何保护光伏装置的方面，我们可以使用如下方法。

1）躲藏：光伏模板安装进构件外壳中，在表面看不见。

2）巧妙设计：模板使用特殊的规格尺寸、颜色、电压，使它们在日常生活中难以被利用，以防被盗。

3）安全安装措施：选用必须使用特殊工具才可进行安装操作的铆钉或螺丝。

4）保护措施：利用栅栏、支柱和其他障碍物使模板不易被他人靠近。

在光伏装置的技术改进方面，可以采用结实坚固/弯曲灵活材料，使用超强坚固和易弯曲的材料，如用不同质量的塑料代替玻璃；加固安装措施：在模板之间使用坚固的连接组件以加固模板间的连接和抵抗风力负荷；电路远程操纵：利用遥控器和与装置相连的本地系统对其进行整体化操纵是很必要的，可以防止盗窃，因为不使用远程遥控就根本无法使用模板；模板蚀刻：用特殊密码或标志蚀刻模板，但需在以后的检查维护时可以识别；能源功效：利用高功效设施，如感应器或发光二极管（LED）；清洁措施：使用清洁模板的高效清洁机（瑞典的清洁机引用高压气体和水，在冬季沿街面用彩灯照明装饰）；反射器：使用能反射日光照射的组件和表层材料，在当地日照情况不佳时增加光伏模板可获得太阳热量；弹性结构：使用能够吸收风力负荷的结构组件。

（三）用于城市街道的一些光伏设施

1. 停车计量器

传统的电力供应设施建设成本高，修建时间长，通常需要挖地沟、中断交通和铺设地下电线。这样算来利用光伏系统是更明智合理地选择。安装简单方便、快速、可以防止产生新建电力系统常会出现的阻塞、干扰公共生活正常秩序的现象。由于消除了头顶电线的困扰，增强了美观性，在输电网电讯中断的情况下可以提供必需电力的紧急供给，更增加了公众对其的信任度（如图9-36）。

2. 电话亭的光伏装置（如图9-37）

图9-36　光伏停车计量器
资料来源：bbs. topenergy. org／。

图9-37　安装在电话亭的光伏装置
资料来源：http：／／www. topenergy. org／。

3. 太阳能向日葵

太阳能向日葵显示了科技与艺术的完美结合，不同于常规的、艺术性较强的光伏装置。采用双轴或单轴跟踪系统，能够在全天中跟踪太阳照射轨迹，为家庭提供足够的电力（如图9-38~图9-40）。

图9-38　光伏向日葵（一）

图9-39　光伏向日葵（二）

图 9-40　安装在自然景观中的光伏向日葵
资料来源：Solar Power。

4. 光伏公路、铁路隔音屏障

安装于公路或铁路沿线，是近年来 PV-NBS 的常用方法，可以为现有的噪声屏障增加额外的面积。假如已有的噪声防护措施由于交通量的增大而不能再有效地吸收噪声污染，一个新的光伏改造方法能够满足新的需要。利用已有的隔声屏障作为支撑结构，高度和安装位置避免了任何车辆前灯或日光的折射眩目，并且减少了小偷盗走和恶意损坏光伏模板的危险（如图 9-41~图 9-43）。

图 9-42　沿公路的光伏消音屏障（二）

图 9-41　沿公路的光伏
消音屏障（一）

图 9-43　沿铁路线的光伏消音板
资料来源：http://www.pvresources.com。

5. 复合式架空结构——奥林匹克干道灯塔

作为重要的城市雕塑，传播奥运精神，灯塔起到在非常宽阔的林荫大道上指示规模和方向的作用。它产生的电能为主干道内的活动出口提供照明，为夜间的会场进行灯光装饰并通过数码显示屏传递图文资讯（如图9-44、图9-45）。

图9-44 悉尼奥运会光伏塔日景
资料来源：http：//tech. sina. com. cn。

图9-45 悉尼奥运会光伏塔夜景
资料来源：http：//tech. sina. com. cn。

6. 光伏信息板

利用了光生伏打效应供电的公共交通信息板，因为光伏部件与信息板是一体化安装，可以防止小偷偷窃。装置能有效地利用能源，信息板由发光二极管提供照明，并且只有当按下按钮后才进入工作状态（如图9-46、图9-47）。

图9-46 光伏车站信息板

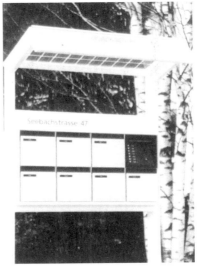

图9-47 光伏供能的街道信息板

7. 光伏车站遮光棚

由水平的钢管支撑顶部框架，在钢管两侧也安装玻璃，可以使阳光射入月台的中央地带，也可以区分开候车区和上车区（如图9-48）。

8. 光伏遮阳伞

结构的倾斜角度可以从0°到20°调节，更好地反映地方的太阳照射状况和提供最理想的遮蔽功能。伞的结构为钢支架，大的方形基座起到与整体框架保持平衡的作用，还要提供设置附属品的空间例如坐椅、桌子、花盆和小型灯架等物品（如图9-49）。

图9-48 光伏模板覆盖的公车站
资料来源：http：//www. maproyalty.com。

图9-49 光伏遮阳伞
资料来源：http：//www. maproyalty.com。

9. 光伏停车棚和汽车加油站

不管是用来单独停车使用还是作为加油站，停车场所设计结构都非常适合于光伏装配。随着电力和混合动力车的增多普及和燃料电池技术的发展，采用光伏电能直接来进行充电和补充燃料或生产氢化物为燃料电池补充能源是完全可行的（如图9-50~图9-52）。

图9-50 能够兼作汽车停车的光伏遮蔽篷

图9-51 太阳能充电杆

图 9-52　英国 Sainsbury 大型太阳能汽车加油站

资料来源：http：//www.topenergy.org/。

第二节　国内太阳能利用典型范例

一、乳山市太阳能空调及供热综合示范系统

乳山市位于山东半岛的东南端，北接烟台，西临青岛，南濒黄海。该地区有较好的太阳能资源，年平均日太阳辐射量为 $17.3MJ/m^2$。当地夏季最高气温 33.1℃，冬季最低气温 -7.8℃，夏季和冬季分别有制冷和采暖的要求，因此是安装太阳能空调及供热综合示范系统的合适地点。

乳山市银滩旅游度假区利用本地区自然条件筹建"中国新能源科普公园"。计划建造包括风能馆、太阳能馆等在内的 8 个馆、厅。太阳能空调及供热综合示范系统就建在科普公园内的太阳能馆。太阳能空调及供热综合系统主要由热管式真空管集热器、溴化锂吸收式制冷机、储热水箱、储冷水箱、生活用热水箱、循环水泵、冷却塔、空调箱、辅助燃油锅炉和自动控制系统等几部分组成（如图 9-53）。

1）太阳能与建筑结合。鉴于太阳能空调示范系统是用于科普公园内的太阳能馆，因而在系统设计中，就要充分体现太阳能馆的特色，使太阳能与建筑融为一体，建筑设计不但要造型美观、新颖别致，而且还要满足太阳集热器安装的要求。新建筑物的南立面采用大斜屋面结构，倾角 35°。太阳能空调系统所需的大部分集热器都安装在朝南的大斜屋面上，集热器与建筑物相得益彰。

2）热管式真空管集热器。由北京市太阳能研究所研制成功的热管式真空管集热器具有热效率高、耐冰冻、启动快、保温好、承压高、耐热冲击、运行可靠、维修方便等诸多优点，是组成

图 9-53　乳山市太阳能空调及供热综合示范系统

资料来源：http：//www.china-env.org.cn。

高性能太阳能空调系统的重要部件。

3）储热水箱。为了保证系统运行的稳定性，使制冷机的进口热水温度不受太阳辐射瞬时变化的直接影响，太阳集热器出口的热水首先进入储热水箱，再由储热水箱向制冷机供热。此外，储热水箱还可以把太阳辐射能高峰时暂时用不了的能量以热水的形式储存起来以备后用。

4）储冷水箱。储冷水箱是根据对建筑物供冷的特点而设置的。尽管储热水箱可以储存能量，但它的能力毕竟是有限的。将制冷机产出的低温冷媒水储存在容积为 $6m^3$ 的储冷水箱内，可以更多地储存能量，而且低温冷水利用起来也比较方便。

5）辅助燃油锅炉。太阳能系统的运行不可避免地要受到气候条件的影响。为了保证系统可以全天候发挥空调、采暖功能，辅助的常规能源系统是必不可少的，燃油（或燃气）锅炉具有启动快、污染小、便于自动控制等优点，因而该系统采用了辅助燃油热水锅炉，在白天太阳辐照量不足或夜间需要继续用冷或用热时，即可通过控制系统自动启动燃油锅炉，以确保系统持续、稳定地运行。

6）自动控制系统。该系统旨在用太阳能部分地替代常规能源以达到空调、采暖及提供生活热水的目的，因此太阳能系统的启动、富余太阳能的储存以及太阳能与常规能源之间的切换等都显得尤为重要，而这些功能必须由一套安全可靠、功能齐全的自动控制系统来完成。

二、岭西中学乡村太阳能示范学校工程

中国的很多山区、牧区、海岛和边疆地区的广大乡村，至今尚有 800 多万户、约 3000 多万人口仍未用上电。由于没有电，当地的农牧渔民"日出而作，日落而息"，不能用电照明，不能看电视、听广播，学生们不能正常地进行学习，教师们不能很好地进行教学，严重地影响了这些地区经济的发展、生活的改善和教学水平的提高。这些地区，常规能源资源缺乏，人口密度低，居住分散，运离大电网，很难依靠常规能源发电供电，但其太阳能资源却相当丰富，大多处于我国太阳能资源的高值区。中国科学技术协会与联合国教科文组织合作，于 1996 年在河北省保定市满城县岭西中学成功地进行了"21 世纪中国乡村太阳能示范学校"项目首选点的工程建设（如图 9-54）。

图 9-54 岭西中学乡村太阳能示范学校工程
资料来源：太阳能利用技术。

岭西中学位于河北省保定市满城县西北，是一所初级中学，校舍面积 1790m², 有教学班 10 个，在校学生 582 人，其中住宿生 235 人。建校于 1956 年，是保定市的一所重点中学。岭西中学地理位置适中，当地日照时间长，太阳能资源较丰富，具有开发利用太阳能的良好条件。中国科协和联合国教科文组织合作，确定以岭西中学作为 21 世纪中国乡村太阳能示范学校项目的首选点，采用光伏技术和光热技术解决该校的教学用电和部分生活用电以及部分教学和生活用热问题。于 1996 年 6 月中旬在岭西中学成功地建成这一太阳能示范工程。投入使用以来，运行良好，达到技术指标，显示出良好的经济、环境、社会效益，受到广大师生和各方面的好评，推广应用前景广阔。

岭西中学所在地的自然气象条件：纬度 38.5°，经度：115.4°，海拔高度 120m，年平均气温 12.3℃，极端最高气温 40.4℃，极端最低气温−23.4℃，年平均日照时数 2722.7h，水平面全年总辐射量 563kJ/cm²，平均日照率 61%，年平均风速 2.5m/s，站址地面条件为浅色碎石地面，最长连续阴雨天数 7d。

岭西中学的用负电荷主要有如下两类。

1）学校教学用电。主要包括教师办公室、教室等的照明用电和微机教学室、电化教学室以及卫星电视接收机等的设备用电。

2）生活及后勤用电。主要包括教师宿舍、学生宿舍、伙房、厕所等的照明用电和电风扇、电视接收机、收录机等设备的用电。

光伏电站的系统方案如下所示。

电站模式：是以太阳能电池发电为主并辅以交流市电的独立电站。

电站制式：光伏发电通过逆变器后，经交流配电屏向负载输出 220V 单相交流电，或将接入交流配电屏的 380V 三相交流电直接向负载供电。

电站规模：太阳能电池组件的峰值功率为 4kW。

电站的系统配置：由太阳能电池方阵、蓄电池组、控制器、逆变器和交流配电屏等部分组成。

电站的工作原理：太阳辐射能通过太阳能电池方阵转换成电能。太阳能电池方阵的输出经太阳能电源控制器给蓄电池组充电。太阳能电源控制器的直流输出连接逆变器，通过逆变器将直流电变换为交流电。逆变器输出的两路和学校原有的市电，最后经由交流配电屏选择控制输出，通过低压输电线路向学校负载供电。

根据学校的迫切需要及资金可能，建成了如下三种光热利用示范项目。

1）被动式太阳房。总建筑面积 $160m^2$，用作微机教学室和光伏电站的控制配电室及蓄电池室。在冬季最冷的天气，太阳房的室内温度，白天保持在 $8 \sim 10℃$，夜间也不会降到 $0℃$ 以下。

2）太阳能浴室。选用铜铝复合管板式太阳能集热器建成集热面积约为 $10m^2$ 的太阳能浴室，每天可供 20 多人洗澡。

3）太阳灶。装设截光面积约为 $2.4m^2$、煮水热效率约为 70%、额定功率约为 1200W 的太阳灶 2 台，可为教师和部分学生提供饮用开水。

这一太阳能示范工程的建成，使岭西中学的教学和生活条件有了很大改观，经济、环境、社会效益十分显著。光伏电站的建成，解决了学校多年来头痛的教学用电问题，可以保证常年不间断地供电。由于有了光伏电站，用电有了保证，学校配上了微机，开展了电化教学，能经常收看到电视，改善了教学条件，使教育质量大为提高。在经济上，初步估算，一年可节约数千元的电费和煤炭费，对乡村学校来说，是一个不小的数目。

参 考 文 献

［1］曹伟．城市生态安全导论［M］．北京：中国建筑工业出版社，2004.10.

［2］白滨．太阳能建筑一体化设计方法初步研究［D］．厦门：厦门大学，2008.6.

［3］刘长滨，等．太阳能建筑应用的政策与市场运行模式［M］．北京：中国建筑工业出版社，2007.1.

［4］渠箴亮．被动式太阳房建筑设计［M］．北京：中国建筑工业出版社，1987.

［5］喜文华．被动式太阳房的设计与建造［M］．北京：化学工业出版社，2007.1.

［6］Coordinating Editor：Robyn Beaver 周莹等翻译．太阳能建筑［M］．北京迪赛纳图书有限公司，2006.

［7］Editor：Brian Edwards 朱玲等译．绿色建筑［M］．沈阳：辽宁科学技术出版社，2005.

［8］［日］彰国社．被动式太阳能建筑设计［M］．北京：中国建筑工业出版社，2004.9.

［9］罗运俊，何梓，王长贵．太阳能利用技术［M］．北京：化学工业出版社，2005.

［10］王崇杰，薛一冰．太阳能建筑设计［M］．北京：中国建筑工业出版社，2007.

［11］刘念雄，秦佑国．建筑热环境［M］．北京：清华大学出版社，2005.

［12］谢士涛．光伏建筑一体化技术与应用［J］．智能与绿色建筑文集．北京：中国建筑工业出版社．

［13］郑瑞澄．绿色建筑中的太阳能应用技术［J］．智能与绿色建筑文集．北京：中国建筑工业出版社．

［14］曲翠松．德国节能建筑设计方法与实践以及如何与我国国情相结合［J］．智能与绿色建筑文集．北京：中国建筑工业出版社．

［15］史洁，宋德萱．高层住宅太阳能一体化设计体系研究［J］．智能与绿色建筑文集．北京：中国建筑工业出版社．

［16］汪维，等．生态建筑的基本理念与技术示范［J］．智能与绿色建筑文集．北京：中国建筑工业出版社．

［17］龙文志．光电幕墙及光电屋顶［J］．智能与绿色建筑文集．北京：中国建筑工业出版社．

［18］宋德萱．建筑环境控制学［M］．南京：东南大学出版社，2003.

［19］汪维．上海生态建筑示范工程·生态住宅示范楼［M］．北京：中国建筑工业出版社，2003.

［20］苏粤．太阳能热水器与建筑一体化设计［J］．新建筑，2006（6）：32-35.

［21］彭小云，邰惠鑫．天然采光的生态方法［J］．建筑设计研究，2002：48-53.

［22］涂逢祥．建筑节能［M］．北京：中国建筑工业出版社，2004.

［23］李保峰．适应夏热冬冷地区气候的建筑表皮之变化设计策略研究［D］．北京清华大学，2004.

［24］夏云，夏葵．生态可持续建筑［M］．北京：中国建筑工业出版社，2001.

［25］高辉，刘泉．太阳能利用与建筑一体化设计［J］．华中建筑，2004（1）：26-29.

［26］李云堂．建筑学的第三次革命：走向生态建筑体系［J］．新建筑，2000（3）：18-21.

［27］刘荣．自然能源供电技术［M］．北京：科学出版社，2000．

［28］倪建斌．太阳能热水器系统与建筑一体化有机结合的探讨［J］．住宅科技，2008（1）：34-37．

［29］王士荣．太阳能热水系统与住宅建筑一体化设计［J］．住宅科技，2008（1）：46-49．

［30］胡兴军．世界太阳能发电产业的发展形势及可借鉴政策［J］．北京：中国照明电器，2008（1）：37-41．

［31］杜生梅．德国弗莱堡绿色建筑科技一览［J］．中国房地产信息，2008（1）：22-24．

［32］张运辉．住宅太阳能热水系统的设计简介［J］．深圳土木与建筑，2007（3）：41-44．

［33］李志勇．住宅建筑中太阳能热水系统的整合设计［J］．华中建筑，2007（12）：35-37．

［34］李德军．未来太阳能生态住宅的展望［J］．天津建设科技，2005（增）：65-69．

［35］李道增．建筑界有关"生态建筑"的实践［J］．世界建筑，2001（总130）19．

［36］杨红．太阳能光伏建筑一体化及其在美国的实施［J］．工业建筑，2001（7）：49-52．

［37］（德）英格伯格·弗拉格．托马斯·赫尔佐格建筑·技术［M］．北京：中国建筑工业出版社，2003．

［38］丁国华．太阳能建筑一体化研究、应用及实例［M］．北京：中国建筑工业出版社，2007.3.

［39］周若祁，等．绿色建筑体系与黄土高原基本聚居模式［M］．北京：中国建筑工业出版社，2007.9.

［40］曹伟．城市建筑的生态图景［M］．北京：中国电力出版社，2006．

［41］曹伟．太阳能利用：从生物气候建筑到自治建筑［J］．现代城市研究，2003（3）．

［42］曹伟．高效低能耗健康建筑引论［J］．中外建筑，2003（1）．

［43］李华东，等．高技术生态建筑［M］．天津：天津大学出版社，2002.9.

［44］龙惟定．试论建筑节能的新观念［J］．暖通空调，1999（1）．

［45］龙文志．严峻的挑战！幕墙节能的思考［J］．中国建筑装饰，2005.8.

后　记

在《中共中央关于制定"十一五"规划的建议》中提到：必须加快转变经济增长方式。我国土地、淡水、能源、矿产资源和环境状况对经济发展已构成严重制约。要把节约资源作为基本国策，发展循环经济，保护生态环境，加快建设资源节约型、环境友好型社会，促进经济发展与人口、资源、环境相协调。推动国民经济和社会信息化，切实走新型工业化道路，坚持节约发展、清洁发展、安全发展，实现可持续发展。

目前推动建筑节能时机十分有利。随着太阳能利用科技水平的不断提高，以及人们消费观念的改变，又恰逢即将举行的绿色奥运的推动，太阳能在我国将会得到前所未有的发展。

本书立足于广义建筑节能的战略思路，在纵向层面上，探讨了建筑节能的历史渊源与发展趋势，以及国内外太阳能利用与建筑节能现状；在横向层面上，基于能源与能效的广义建筑节能理念、基于技术策略的广义建筑节能方法，给出了太阳能与建筑设计一体化的设计方法与策略。

在当今中国，太阳能技术推广应用所要走的路还很长，它每一个微小的进步都需要广大太阳能生产企业、房地产开发商、建筑设计人员、工程建设者、院校学者以及全体人民的共同努力。

研究生白滨参加了本书第 1 版部分内容撰写，谭畅参加了第 2 版中第九章部分的修订工作。

2008 年第 1 版于厦门大学
2015 年第 2 版于广州大学